朝天椒种质资源图鉴

CHAOTIANJIAO ZHONGZHI ZIYUAN TUJIAN

吴立东 ◎ 著

中国农业出版社
北 京

图书在版编目（CIP）数据

朝天椒种质资源图鉴 / 吴立东著. -- 北京 : 中国农业出版社, 2024. 10. -- ISBN 978-7-109-32625-5

Ⅰ. S641. 302. 4-64

中国国家版本馆CIP数据核字第20245DG290号

中国农业出版社出版

地址：北京市朝阳区麦子店街18号楼

邮编：100125

责任编辑：李　瑜

版式设计：杨　婧　　责任校对：吴丽婷　　责任印制：王　宏

印刷：中农印务有限公司

版次：2024年10月第1版

印次：2024年10月北京第1次印刷

发行：新华书店北京发行所

开本：787mm × 1092mm　1/16

印张：10

字数：243千字

定价：120.00元

资助出版项目

中央引导地方科技发展专项"加工型朝天椒种质资源创新及产业化开发"（2021L3043）

福建省区域发展项目"福建特色朝天椒种质资源创新与利用"（2016N3023）

福建省科技创新平台"茄果类蔬菜产业技术研究院"（2018N2003）

福建省现代农业蔬菜产业技术体系（2060302）

前言

朝天椒(*Capsicum annuum* var. *conoides*)是辣椒属的一个变种，因果实朝天生长而得名，故又称指天椒、向天椒、冲天椒等。朝天椒栽培技术要求不高，种植简单，在我国贵州、重庆、河南、湖南、四川、安徽、海南等地均有较大面积种植。朝天椒色泽艳、辣度高、食味佳，是辣椒中的“佼佼者”，既可鲜食调味，也可盆栽观赏，还可加工制成辣椒酱、辣椒干、辣椒粉、辣椒油等产品，此外，朝天椒还可精深加工，用于提取辣椒素、辣椒红色素等。因此，朝天椒不仅在国内市场有较大需求量，也在国际市场十分畅销，是我国出口创汇的重要农产品之一。目前，我国大面积种植的朝天椒品种主要为引进品种和地方品种，引进品种主要有日本三樱椒、韩国天红椒、泰国朝天椒等；地方品种主要有云南小米椒、遵义朝天椒、石柱红、天鹰椒等。近年来，随着我国辣椒育种水平的不断提高，国内育种单位先后选育出一大批朝天椒新品种，如川椒系列、遵辣系列、艳椒系列等，这些朝天椒新品种在国内应用推广，取得较好的经济效益和社会效益。朝天椒的生产与加工已经成为我国部分农村地区区域性支柱产业和乡村振兴的有力推手。

朝天椒种质资源是朝天椒新品种选育、生物技术研究和农业生产的重要物质基础。辣椒育种家非常重视朝天椒种质资源的收集、保存和利用研究工作。三明市农业科学研究院自1998年开始，从国内外收集各类朝天椒种质资源共439份，经过近三十年的研究，对朝天椒种质资源材料的农艺性状进行了初步鉴定评价，并对部分种质与辣度相关的物质进行了检测，筛选和创制出一批产量高、品质好、抗病性强的优质种质，选育出多个高辣朝天椒新品种，并制定了福建省地方标准《高辣朝天椒质量分级》(DB35/T 2202—2024)。

本书介绍了142份从国内外引进和三明市农业科学研究院自主创制的朝天椒种质资源的形态学特征和生物学特性，每份资源还配以全株、叶、花、果实、种子等图片，是一部学术性和实用性较强的朝天椒种质资源工具书，对朝天椒种质资源的鉴别与品种选育具有一定的借鉴价值。本书的编写得到业界同仁的大力支持，谨在此对提供帮助的人员表示衷心的感谢！

由于著者学识有限，书中难免有不足和疏漏之处，敬请专家、同仁和读者批评指正。

著　者

2024年6月

目 录

第一章　朝天椒种质资源描述及数据调查

本书中朝天椒种质资源主要性状描述及数据调查主要参考国家农作物种质资源平台“辣椒种质资源描述规范”，并结合朝天椒特性，调查了相关种质资源的植株、叶片、花、果实、种子、辣椒素类物质及抗病性等30余个性状指标。

第一节　数据调查依据

1. 种质类型

朝天椒种质类型分为野生资源、地方品种、选育品种、品系、遗传材料、其他等6种。

2. 种质名称

朝天椒种质的中文名称或代号。

3. 来源地

国内朝天椒种质的来源省、县名称或相关单位。

4. 主要性状

(1) 株型

依据植株茎的生长特性，分为开展、半直立、直立等3种形态。

开　展

半直立

直　立

朝天椒株型

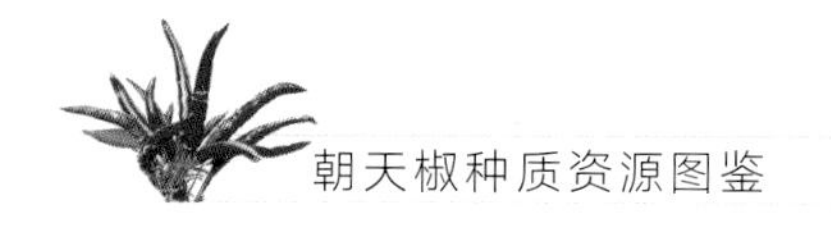

（2）**株高**

门椒成熟期，植株在自然状态下，其最高点到地面的垂直距离。单位为cm。

（3）**株幅**

门椒成熟期，植株在自然状态下，植株叶幕垂直投影的最大直径。单位为cm。

朝天椒株高、株幅

（4）**分枝性**

门椒成熟期，辣椒成株茎的生长状态及分枝程度，分为强、中、弱等3种类型。

（5）**主茎色**

四门斗果实商品成熟期，植株主茎的颜色，分为黄绿色、浅绿色、绿色、深绿色、绿色带紫条纹、紫色等6种颜色。

（6）**茎茸毛**

四门斗始花期，植株茎上茸毛的有无及稀密程度，分为无、稀、中、密等4种程度。

（7）**叶片长**

四门斗始花期，植株中部完整且生长正常的最大叶片的长度。单位为cm。

（8）**叶片宽**

四门斗始花期，植株中部完整且生长正常的最大叶片的宽度。单位为cm。

（9）**叶柄长**

四门斗始花期，植株中部完整且生长正常的最大叶片叶柄的长度。单位为cm。

朝天椒叶片长、叶片宽和叶柄长

（10）叶形

四门斗始花期，植株上完整且生长正常的成熟叶片的形状，分为卵圆形、长卵圆形、披针形等3种类型。

朝天椒叶形

（11）叶色

四门斗始花期，植株上完整且生长正常的成熟叶片的颜色，分为黄绿色、浅绿色、绿色、深绿色、紫色等5种颜色。

（12）**首花节位**

植株主茎上第一朵花着生的节位。

（13）**花冠色**

盛开花朵花瓣的颜色，分为白色、浅绿色、紫色等3种颜色。

（14）**花药颜色**

盛开花朵花药的颜色，分为白色、浅黄色、黄色、浅蓝色、蓝色、紫色等6种颜色。

（15）**花柱颜色**

盛开花朵花柱的颜色，分为白色、蓝色、紫色等3种颜色。

（16）**花柱长度**

对椒始花期，植株对花花柱的长度及其与雄蕊的相对位置，分为短于雄蕊、与雄蕊近等长、长于雄蕊等3种类型。

短于雄蕊

与雄蕊近等长

长于雄蕊

朝天椒花柱长度

（17）**商品果纵径**

发育正常、达到商品成熟度的对椒，果蒂至果顶的直线长为商品果纵径。单位为cm。

（18）**商品果横径**

发育正常、达到商品成熟度的对椒，与纵径垂直的最大横切面的直径为商品果横径。单位为cm。

（19）**果肉厚**

发育正常、达到商品成熟度的对椒果肉的厚度。单位为cm。

（20）**果梗长**

发育正常、达到商品成熟度的对椒果梗的长度。单位为cm。

（21）**青熟果色**

发育正常、达到商品成熟度的对椒果面的颜色，分为黄白色、乳黄色、黄绿色、浅绿色、绿色、深绿色、墨绿色、紫色、紫黑色等9种颜色。

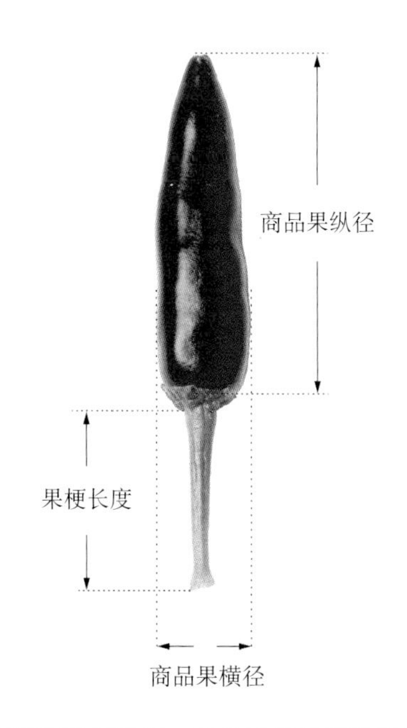

朝天椒商品果纵径、商品果横径和果梗长度

（22）**老熟果色**

发育正常、达到生理成熟度的果实果面的颜色，分为橙黄色、橘红色、鲜红色、暗红色、紫红色等5种颜色。

（23）**果形**

发育正常、达到商品成熟度的对椒的形状，分为扁灯笼形、方灯笼形、长灯笼形、短锥形、长锥形、短牛角形、长牛角形、短羊角形、长羊角形、短指形、长指形、线形、圆球形等13种形状。

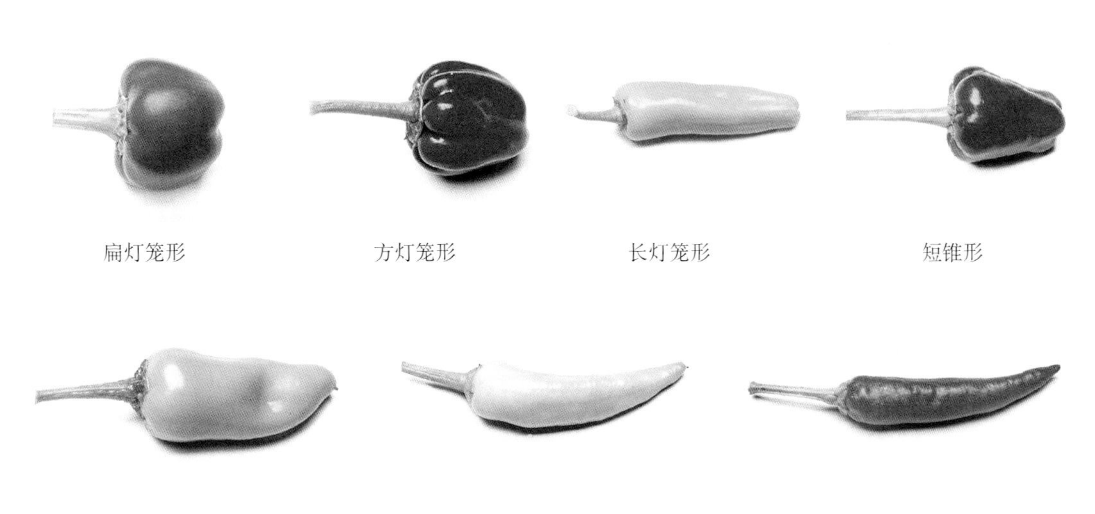

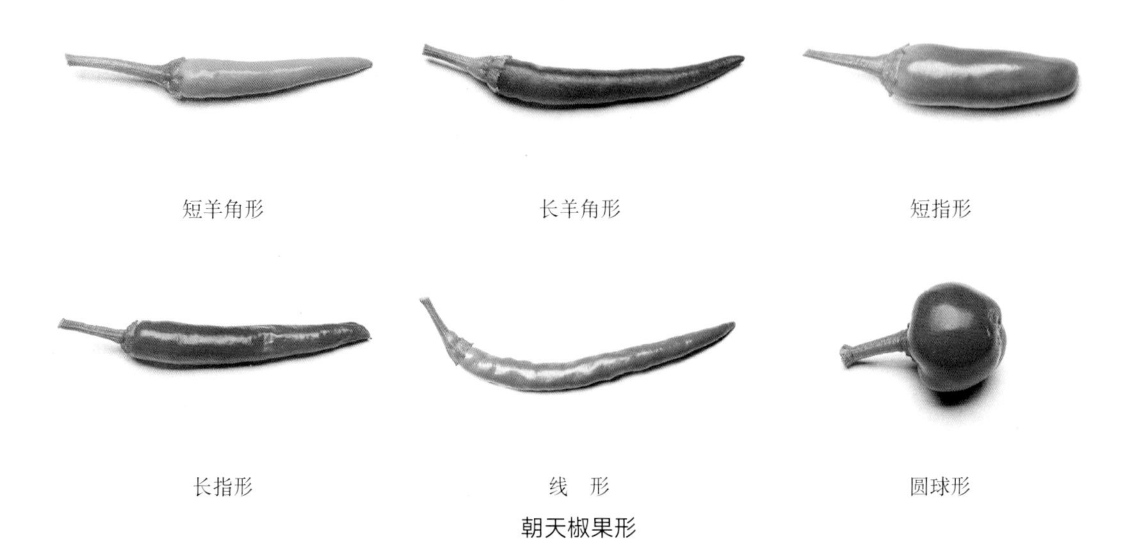

短羊角形　长羊角形　短指形

长指形　线　形　圆球形

朝天椒果形

(24) **果面特征**

对椒成熟期，发育正常、达到商品成熟度的果实表面是否光滑及其皱缩程度，分为光滑、微皱、皱等3种类型。

(25) **果面光泽**

对椒成熟期，发育正常、达到商品成熟度的果实表面是否有光泽，分为有、无2种类型。

(26) **果面棱沟**

对椒成熟期，发育正常、达到商品成熟度的果实表面棱沟的有无和深浅，分为无、浅、中、深等4种类型。

(27) **心室数**

发育正常、达到商品成熟度的对椒果实心室的个数。单位为个。

(28) **单果重**

对椒成熟期，单个正常商品果实的质量。单位为g。

(29) **单株果数**

单株收获商品果实的个数。单位为个。

(30) **单果种子数**

单个果实内成熟种子的粒数。单位为粒。

(31) **种皮色**

成熟种子的表皮颜色，分为黄色、棕色2种颜色。

(32) **种子千粒重**

含水量8%左右的1 000粒成熟种子的质量。单位为g。

5.品质特性

(1) 二氢辣椒素

发育正常、达到生理成熟度的对椒果肉中所含二氢辣椒素的量。以g/kg或%表示。

(2) 辣椒素

发育正常、达到生理成熟度的对椒果肉中所含辣椒素的量。以g/kg或%表示。

6.抗病性

(1) 炭疽病抗性

辣椒植株对炭疽病的抗性强弱。分为免疫（I）、高抗（HR）、抗病（R）、中抗（MR）、感病（S）、高感（HS）等6种类型。

(2) 病毒病抗性

辣椒植株对黄瓜花叶病毒（CMV）的抗性强弱。分为免疫（I）、高抗（HR）、抗病（R）、中抗（MR）、感病（S）、高感（HS）等6种类型。

第二节　数据调查方法

朝天椒种质资源的株型、分枝性、茎茸毛、首花节位、叶形、花柱长度、果形、果面棱沟、果面光泽、果面特征、心室数、单株果数、单果种子数等形态感官指标在正常光照条件下，采用眼观的方式进行数据调查；叶色、主茎色、花冠色、花药颜色、花柱颜色、青熟果色、老熟果色、种皮色等颜色感官指标在正常光照条件下，参照国际标准色卡进行数据调查。

朝天椒种质资源的株高、株幅采用精度0.1mm透明塑料直尺（量程100cm）测量；叶片长、叶片宽、叶柄长、商品果纵径、商品果横径、果梗长等采用精度0.05mm不锈钢直尺（量程30cm）测量；果肉厚采用精度0.02mm游标卡尺进行测量，单果重、种子千粒重采用精度0.01g电子秤进行测量。

二氢辣椒素含量测定、辣椒素含量测定参照《辣椒及辣椒制品中辣椒素类物质测定及辣度表示方法》(GB/T 21266—2007)。

朝天椒种质资源炭疽病抗性鉴定参照《辣椒炭疽病抗病性鉴定技术规程》(DB42/T 1621—2021)；朝天椒种质资源病毒病抗性鉴定参照《辣椒抗病性鉴定技术规程 第4部分：辣椒抗黄瓜花叶病毒病鉴定技术规程》(NY/T 2060.4—2011)。

第二章　朝天椒种质资源

第一节　地方品种

福建辣椒王

种质名称：福建辣椒王

来 源 地：福建省古田县

种质类型：地方品种

特征特性：株型直立，株高96.2cm，株幅67.4cm，分枝性强，主茎绿色、无茸毛。叶片长8.2cm，叶片宽3.9cm，叶柄长2.8cm，叶绿色、长卵圆形。首花节位12节，花冠白色，花药浅黄色，花柱白色、短于雄蕊。商品果纵径6.5cm，商品果横径1.4cm，果肉厚0.18cm，果梗长2.7cm，青熟果绿色，老熟果鲜红色，果短牛角形，果面光滑、有光泽、无棱沟，心室数2个。单果重5.8g，单株果数65个。单果种子数43粒，种皮黄色，种子千粒重6.3g。二氢辣椒素含量1.14g/kg，辣椒素含量1.80g/kg。中抗炭疽病，感病毒病。

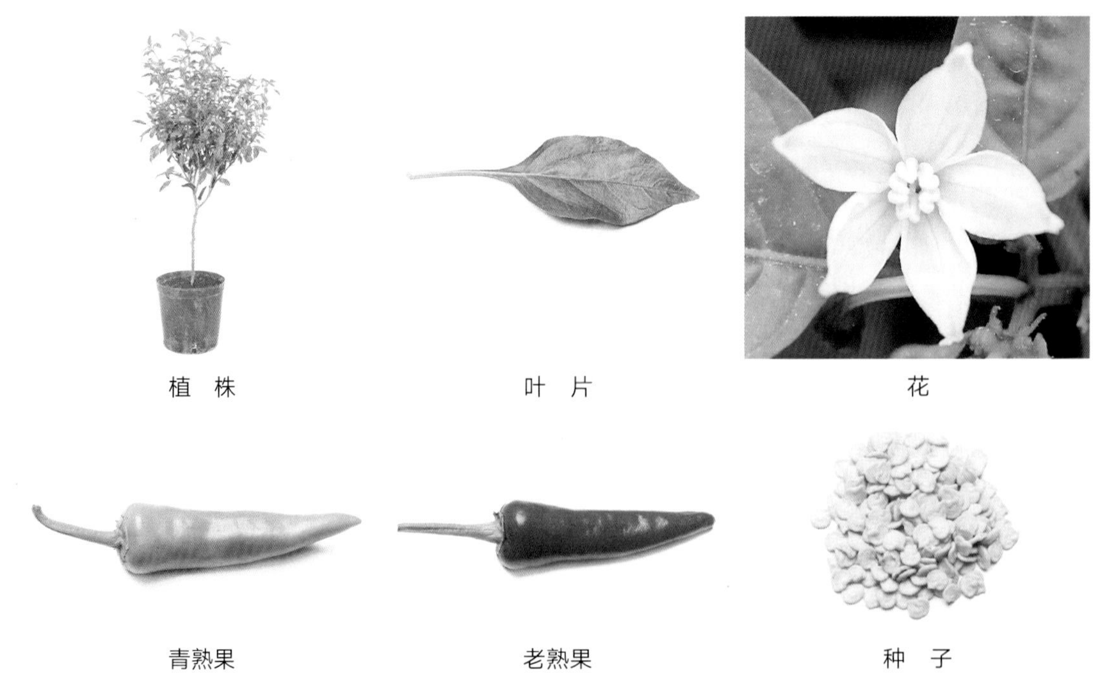

植　株　　叶　片　　花

青熟果　　老熟果　　种　子

东门朝天椒

种质名称： 东门朝天椒

来 源 地： 福建省沙县

种质类型： 地方品种

特征特性： 株型半直立，株高45.3cm，株幅40.4cm，分枝性中，主茎浅绿色、无茸毛。叶片长7.7cm，叶片宽4.2cm，叶柄长3.1cm，叶绿色、卵圆形。首花节位13节，花冠白色，花药紫色，花柱紫色、与雄蕊近等长。商品果纵径6.0cm，商品果横径1.6cm，果肉厚0.14cm，果梗长2.0cm，青熟果黄绿色，老熟果橙黄色，果短牛角形，果面光滑、有光泽、无棱沟，心室数2个。单果重5.8g，单株果数45个。单果种子数51粒，种皮黄色，种子千粒重6.7g。二氢辣椒素含量1.28g/kg，辣椒素含量2.25g/kg。抗炭疽病，感病毒病。

植　株　　叶　片　　花

青熟果　　老熟果　　种　子

政和朝天椒

种质名称：政和朝天椒

来 源 地：福建省政和县

种质类型：地方品种

特征特性：株型半直立，株高82.8cm，株幅78.5cm，分枝性强，主茎绿色、无茸毛。叶片长9.5cm，叶片宽4.6cm，叶柄长3.1cm，叶绿色、长卵圆形。首花节位11节，花冠白色，花药紫色，花柱紫色、短于雄蕊。商品果纵径8.1cm，商品果横径1.8cm，果肉厚0.18cm，果梗长2.5cm，青熟果绿色，老熟果鲜红色，果长指形，果面光滑、有光泽、无棱沟，心室数2个。单果重8.2g，单株果数57个。单果种子数74粒，种皮黄色，种子千粒重6.2g。二氢辣椒素含量1.17g/kg，辣椒素含量1.91g/kg。中抗炭疽病，抗病毒病。

植　株　　　叶　片　　　花

青熟果　　　老熟果　　　种　子

治平朝天椒

种质名称：治平朝天椒

来 源 地：福建省宁化县

种质类型：地方品种

特征特性：株型半直立，株高74.6cm，株幅58.8cm，分枝性中，主茎绿色、无茸毛。叶片长9.7cm，叶片宽2.5cm，叶柄长2.2cm，叶绿色、披针形。首花节位11节，花冠白色，花药紫色，花柱紫色、与雄蕊近等长。商品果纵径8.3cm，商品果横径1.5cm，果肉厚0.16cm，果梗长3.2cm，青熟果绿色，老熟果鲜红色，果长指形，果面微皱、有光泽、无棱沟，心室数2个。单果重7.1g，单株果数51个。单果种子数72粒，种皮棕色，种子千粒重4.7g。二氢辣椒素含量0.62g/kg，辣椒素含量0.86g/kg。中抗炭疽病、抗病毒病。

植　株　　叶　片　　花

青熟果　　老熟果　　种　子

第二节　遗传材料

YJ-103

种质名称：YJ-103

来 源 地：湖南省邵东县

种质类型：遗传材料

特征特性：株型半直立，株高49.8cm，株幅53.6cm，分枝性中，主茎紫色、无茸毛。叶片长9.1cm，叶片宽4.1cm，叶柄长2.6cm，叶深绿色、长卵圆形。首花节位11节，花冠白色，花药紫色，花柱紫色、短于雄蕊。商品果纵径8.4cm，商品果横径1.5cm，果肉厚0.15cm，果梗长2.4cm，青熟果深绿色，老熟果橘红色，果长指形，果面微皱、有光泽、无棱沟，心室数2个。单果重6.9g，单株果数48个。单果种子数58粒，种皮棕色，种子千粒重5.4g。二氢辣椒素含量0.83g/kg，辣椒素含量0.99g/kg。中抗炭疽病，中抗病毒病。

植　株　　叶　片　　花

青熟果　　老熟果　　种　子

YJ-109

种质名称：YJ-109

来 源 地：云南省建水县

种质类型：遗传材料

特征特性：株型半直立，株高60.7cm，株幅63.3cm，茎粗0.9cm，分枝性中，主茎绿色、无茸毛。叶片长8.4cm，叶片宽3.9cm，叶柄长2.3cm，叶绿色、长卵圆形。首花节位9节，花冠白色，花药紫色，花柱白色、短于雄蕊。商品果纵径6.7cm，商品果横径1.5cm，果肉厚0.12cm，果梗长2.6cm，青熟果乳黄色，老熟果鲜红色，果短羊角形，果面光滑、有光泽、无棱沟，心室数2个。单果重6.7g。单果种子数42粒，种皮棕色，种子千粒重5.7g。二氢辣椒素含量1.43g/kg，辣椒素含量2.02g/kg。中抗炭疽病，中抗病毒病。

植　株　　叶　片　　花

青熟果　　老熟果　　种　子

YJ-112

种质名称：YJ-112

来 源 地：河南省新安县

种质类型：遗传材料

特征特性：株型开展，株高59.3cm，株幅70.8cm，分枝性强，主茎绿色、茸毛中。叶片长8.8cm，叶片宽3.5cm，叶柄长3.9cm，叶绿色、长卵圆形。首花节位9节，花冠白色，花药浅蓝色，花柱白色、与雄蕊近等长。商品果纵径8.7cm，商品果横径1.4cm，果肉厚0.14cm，果梗长4.2cm，青熟果浅绿色，老熟果鲜红色，果长羊角形，果面光滑、有光泽、无棱沟，心室数2个。单果重4.9g，单株果数48个。单果种子数29粒，种皮黄色，种子千粒重4.6g。二氢辣椒素含量0.87g/kg，辣椒素含量1.69g/kg。中抗炭疽病，感病毒病。

植　株　　叶　片　　花

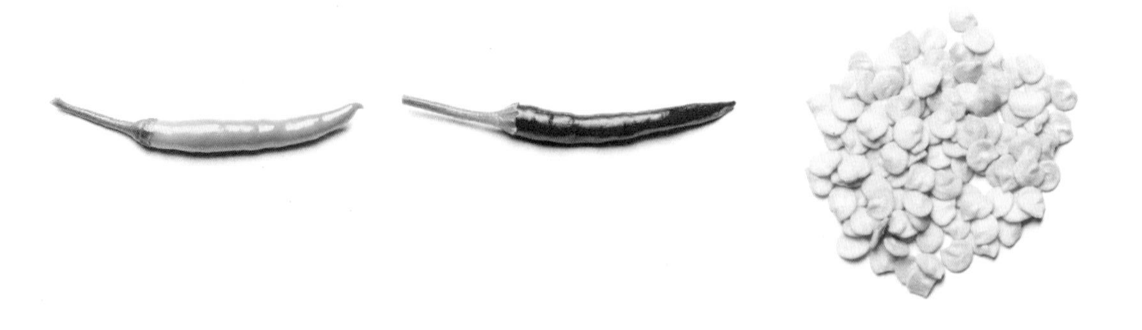

青熟果　　老熟果　　种　子

YJ-118

种质名称：YJ-118

来 源 地：湖南省新邵县

种质类型：遗传材料

特征特性：株型半直立，株高52.3cm，株幅60.7cm，分枝性强，主茎绿色、无茸毛。叶片长7.2cm，叶片宽3.2cm，叶柄长4.1cm，叶绿色、长卵圆形。首花节位7节，花冠白色，花药蓝色，花柱白色、短于雄蕊。商品果纵径6.2cm，商品果横径1.7cm，果肉厚0.15cm，果梗长2.2cm，青熟果深绿色，老熟果鲜红色，果短指形，果面微皱、有光泽、无棱沟，心室数2个。单果重5.7g，单株果数57个。单果种子数32粒，种皮黄色，种子千粒重5.9g。二氢辣椒素含量1.18g/kg，辣椒素含量1.53g/kg。抗炭疽病，抗病毒病。

植　株　　叶　片　　花

青熟果　　老熟果　　种　子

YJ-124

种质名称：YJ-124

来 源 地：贵州省石阡县

种质类型：遗传材料

特征特性：株型直立，株高65.5cm，株幅50.4cm，分枝性强，主茎绿色、无茸毛。叶片长9.8cm，叶片宽5.2cm，叶柄长2.4cm，叶浅绿色、卵圆形。首花节位7节，花冠白色，花药黄色，花柱白色、短于雄蕊。商品果纵径6.6cm，商品果横径2.4cm，果肉厚0.35cm，果梗长2.5cm，青熟果绿色，老熟果鲜红色，果短指形，果面光滑、有光泽、无棱沟，心室数3个。单果重15.3g，单株果数38个。单果种子数44粒，种皮黄色，种子千粒重5.3g。二氢辣椒素含量1.10g/kg，辣椒素含量1.46g/kg。抗炭疽病，抗病毒病。

植　株　　　叶　片　　　花

青熟果　　　老熟果　　　种　子

YJ-133

种质名称：YJ-133

原产地或来源地：贵州省绥阳县

种质类型：遗传材料

特征特性：株型半直立，株高69.3cm，株幅70.1cm，分枝性弱，主茎绿色、无茸毛。叶片长7.5cm，叶片宽3.8cm，叶柄长3.5cm，叶浅绿色、长卵圆形。首花节位8节，花冠白色，花药浅蓝色，花柱白色、与雄蕊近等长。商品果纵径4.9cm，商品果横径2.6cm，果肉厚0.30cm，果梗长4.1cm，青熟果绿色，老熟果橘红色，果短指形，果面光滑、有光泽、无棱沟，心室数3个。单果重12.9g，单株果数29个。单果种子数28粒，种皮棕色，种子千粒重5.5g。二氢辣椒素含量0.35g/kg，辣椒素含量0.67g/kg。抗炭疽病，感病毒病。

植　株　　叶　片　　花

青熟果　　老熟果　　种　子

YJ-139

种质名称：YJ-139

来 源 地：贵州省遵义县

种质类型：遗传材料

特征特性：株型开展，株高56.9cm，株幅71.2cm，分枝性中，主茎绿色、无茸毛。叶片长7.2cm，叶片宽3.9cm，叶柄长2.8cm，叶绿色、卵圆形。首花节位9节，花冠白色，花药紫色，花柱白色、短于雄蕊。商品果纵径7.8cm，商品果横径1.9cm，果肉厚0.22cm，果梗长2.1cm，青熟果深绿色，老熟果鲜红色，果长指形，果面微皱、有光泽、无棱沟，心室数2个。单果重7.1g，单株果数46个。单果种子数38粒，种皮黄色，种子千粒重4.6g。二氢辣椒素含量1.15g/kg，辣椒素含量1.61g/kg。抗炭疽病，中抗病毒病。

植 株　　叶 片　　花

青熟果　　老熟果　　种 子

YJ-145

种质名称：YJ-145

来 源 地：广西壮族自治区南宁市

种质类型：遗传材料

特征特性：株型半直立，株高65.3cm，株幅58.6cm，分枝性中，主茎浅绿色、无茸毛。叶片长5.5cm，叶片宽2.7cm，叶柄长3.2cm，叶浅绿色、长卵圆形。首花节位9节，花冠白色，花药蓝色，花柱紫色、与雄蕊近等长。商品果纵径10.8cm，商品果横径1.3cm，果肉厚0.12cm，果梗长2.4cm，青熟果深绿色，老熟果暗红色，果长羊角形，果面光滑、有光泽、无棱沟，心室数2个。单果重6.6g，单株果数27个。单果种子数37粒，种皮黄色，种子千粒重5.0g。二氢辣椒素含量0.45g/kg，辣椒素含量0.68g/kg。中抗炭疽病，感病毒病。

植　株　　　叶　片　　　花

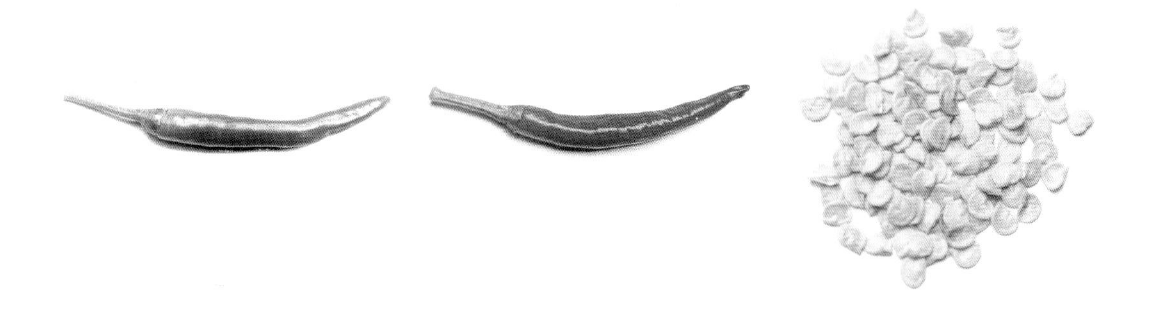

青熟果　　　老熟果　　　种　子

YJ-153

种质名称：YJ-153

来 源 地：江西省瑞金市

种质类型：遗传材料

特征特性：株型半直立，株高48.3cm，株幅52.5cm，分枝性中，主茎紫色、无茸毛。叶片长6.3cm，叶片宽2.8cm，叶柄长3.1cm，叶绿色、长卵圆形。首花节位7节，花冠白色，花药紫色，花柱白色、与雄蕊近等长。商品果纵径7.9cm，商品果横径1.8cm，果肉厚0.16cm，果梗长3.2cm，青熟果深绿色，老熟果鲜红色，果长指形，果面微皱、有光泽、无棱沟，心室数2个。单果重8.2g，单株果数46个。单果种子数28粒，种皮黄色，种子千粒重6.0g。二氢辣椒素含量1.22g/kg，辣椒素含量2.38g/kg。中抗炭疽病，中抗病毒病。

植 株　　叶 片　　花

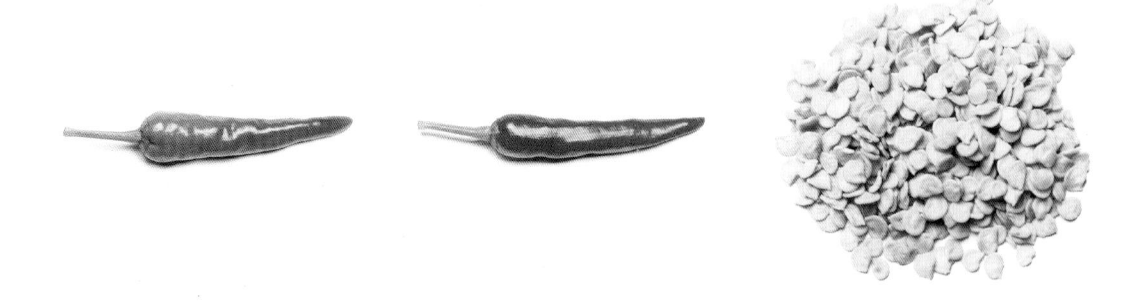

青熟果　　老熟果　　种 子

YJ-157

种质名称：YJ-157

来 源 地：贵州省开阳县

种质类型：遗传材料

特征特性：株型半直立，株高46.7cm，株幅58.7cm，分枝性中，主茎绿色、无茸毛。叶片长7.5cm，叶片宽2.9cm，叶柄长2.8cm，叶绿色、长卵圆形。首花节位7节，花冠白色，花药紫色，花柱白色、短于雄蕊。商品果纵径8.2cm，商品果横径1.7cm，果肉厚0.20cm，果梗长2.5cm，青熟果绿色，老熟果鲜红色，果长羊角形，果面微皱、有光泽、无棱沟，心室数2个。单果重7.0g，单株果数50个。单果种子数42粒，种皮黄色，种子千粒重4.8g。二氢辣椒素含量1.31g/kg，辣椒素含量2.04g/kg。抗炭疽病，抗病毒病。

植　株　　叶　片　　花

青熟果　　老熟果　　种　子

YJ-166

种质名称：YJ-166

来 源 地：广东省广州市

种质类型：遗传材料

特征特性：株型直立，株高23.2cm，株幅35.3cm，分枝性强，主茎绿色、无茸毛。叶片长3.9cm，叶片宽1.4cm，叶柄长1.2cm，叶绿色、披针形。首花节位7节，花冠紫色，花药紫色，花柱紫色、短于雄蕊。商品果纵径2.8cm，商品果横径1.0cm，果肉厚0.18cm，果梗长2.1cm，青熟果紫色，老熟果橘红色，果短指形，果面光滑、有光泽、无棱沟，心室数2个。单果重2.5g，单株果数85个。单果种子数16粒，种皮棕色，种子千粒重4.2g。二氢辣椒素含量0.29g/kg，辣椒素含量0.35g/kg。抗炭疽病，抗病毒病。

植 株

叶 片

花

青熟果

老熟果

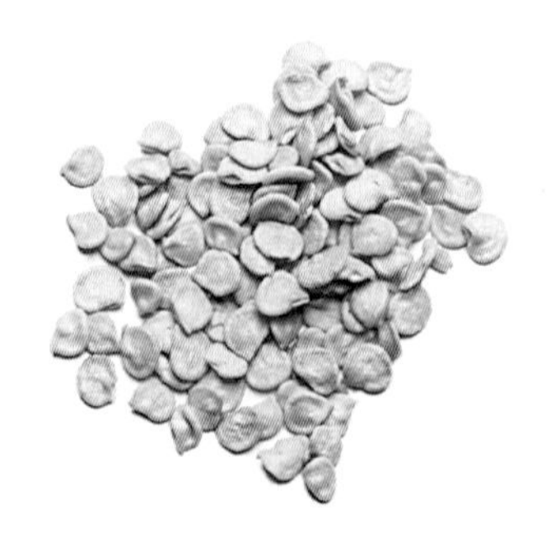

种 子

YJ-167

种质名称：YJ-167

来 源 地：广东省广州市

种质类型：遗传材料

特征特性：株型直立，株高21.2cm，株幅33.3cm，分枝性中，主茎绿色、无茸毛。叶片长4.4cm，叶片宽1.4cm，叶柄长0.4cm，叶绿色、披针形。首花节位7节，花冠白色，花药蓝色，花柱紫色、与雄蕊近等长。商品果纵径1.3cm，商品果横径1.2cm，果肉厚0.12cm，果梗长1.3cm，青熟果乳黄色，老熟果橘红色，果短锥形，果面光滑、有光泽、无棱沟，心室数3个。单果重1.9g，单株果数33个。单果种子数22粒，种皮黄色，种子千粒重4.1g。二氢辣椒素含量0.24g/kg，辣椒素含量0.39g/kg。抗炭疽病，抗病毒病。

植　株　　叶　片　　花

青熟果　　老熟果　　种　子

YJ-168

种质名称：YJ-168

来 源 地：广东省广州市

种质类型：遗传材料

特征特性：株型直立，株高27.3cm，株幅32.5cm，分枝性强，主茎绿色、无茸毛。叶片长3.9cm，叶片宽1.4cm，叶柄长0.8cm，叶绿色、披针形。首花节位7节，花冠白色，花药蓝色，花柱白色、长于雄蕊。商品果纵径2.4cm，商品果横径1.0cm，果肉厚0.15cm，果梗长1.3cm，青熟果乳黄色，老熟果鲜红色，果短指形，果面光滑、有光泽、无棱沟，心室数2个。单果重2.1g，单株果数58个。单果种子数15粒，种皮黄色，种子千粒重4.0g。二氢辣椒素含量0.21g/kg，辣椒素含量0.42g/kg。抗炭疽病，抗病毒病。

植 株

叶 片

花

青熟果

老熟果

种 子

YJ-192

种质名称： YJ-192

来 源 地： 广西壮族自治区南宁市

种质类型： 遗传材料

特征特性： 株型半直立，株高57.6cm，株幅65.2cm，分枝性中，主茎绿色、无茸毛。叶片长5.7cm，叶片宽3.4cm，叶柄长2.9cm，叶绿色、长卵圆形。首花节位7节，花冠白色，花药浅蓝色，花柱蓝色、与雄蕊近等长。商品果纵径11.2cm，商品果横径1.1cm，果肉厚0.12cm，果梗长2.9cm，青熟果深绿色，老熟果鲜红色，果线形，果面光滑、有光泽、无棱沟，心室数2个。单果重4.5g，单株果数96个。单果种子数21粒，种皮黄色，种子千粒重5.3g。二氢辣椒素含量1.11g/kg，辣椒素含量1.12g/kg。中抗炭疽病，中抗病毒病。

植　株　　叶　片　　花

青熟果　　老熟果　　种　子

C2

种质名称： C2

来 源 地： 三明市农业科学研究院（福建省沙县）

种质类型： 遗传材料

特征特性： 株型半直立，株高67.2cm，株幅69.3cm，分枝性强，主茎绿色带紫条纹、无茸毛。叶片长7.7cm，叶片宽3.9cm，叶柄长3.4cm，叶绿色、长卵圆形。首花节位9节，花冠白色，花药紫色，花柱白色、与雄蕊近等长。商品果纵径12.5cm，商品果横径1.2cm，果肉厚0.12cm，果梗长2.8cm，青熟果深绿色，老熟果橘红色，果长羊角形，果面光滑、无光泽、无棱沟，心室数2个。单果重6.3g，单株果数68个。单果种子数39粒，种皮黄色，种子千粒重6.2g。二氢辣椒素含量1.06g/kg，辣椒素含量1.21g/kg。抗炭疽病，中抗病毒病。

植　株　　叶　片　　花

青熟果　　老熟果　　种　子

C7

种质名称：C7

来 源 地：三明市农业科学研究院（福建省沙县）

种质类型：遗传材料

特征特性：株型半直立，株高75.3cm，株幅80.7cm，分枝性强，主茎绿色带紫条纹、无茸毛。叶片长9.9cm，叶片宽5.4cm，叶柄长4.2cm，叶绿色、卵圆形。首花节位9节，花冠白色，花药蓝色，花柱白色、与雄蕊近等长。商品果纵径11.4cm，商品果横径1.2cm，果肉厚0.12cm，果梗长2.5cm，青熟果深绿色，老熟果橙黄色，果长羊角形，果面光滑、有光泽、无棱沟，心室数2个。单果重7.7g，单株果数65个。单果种子数28粒，种皮黄色，种子千粒重6.5g。二氢辣椒素含量1.12g/kg，辣椒素含量1.39g/kg。中抗炭疽病，中抗病毒病。

植　株　　叶　片　　花

青熟果　　老熟果　　种　子

C17

种质名称： C17

来 源 地： 三明市农业科学研究院（福建省沙县）

种质类型： 遗传材料

特征特性： 株型开展，株高55.2cm，株幅74.4cm，分枝性强，主茎绿色带紫条纹、无茸毛。叶片长7.7cm，叶片宽3.7cm，叶柄长2.2cm，叶深绿色、长卵圆形。首花节位9节，花冠白色，花药紫色，花柱白色、短于雄蕊。商品果纵径8.7cm，商品果横径1.4cm，果肉厚0.15cm，果梗长2.8cm，青熟果深绿色，老熟果橙黄色，果长羊角形，果面光滑、有光泽、无棱沟，心室数2个。单果重6.6g，单株果数42个。单果种子数30粒，种皮黄色，种子千粒重5.5g。二氢辣椒素含量1.48g/kg，辣椒素含量2.13g/kg。抗炭疽病，抗病毒病。

植　株　　叶　片　　花

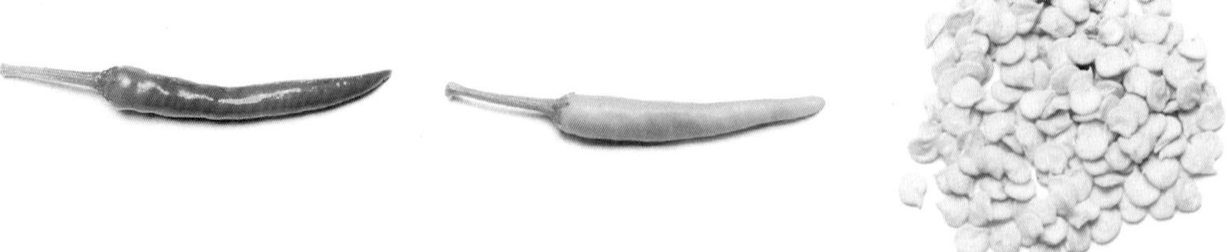

青熟果　　老熟果　　种　子

C19

种质名称：C19

来 源 地：三明市农业科学研究院（福建省沙县）

种质类型：遗传材料

特征特性：株型直立，株高90.5cm，株幅50.2cm，分枝性中，主茎绿色、无茸毛。叶片长7.9cm，叶片宽4.8cm，叶柄长2.8cm，叶绿色、卵圆形。首花节位9节，花冠白色，花药蓝色，花柱紫色、长于雄蕊。商品果纵径8.1cm，商品果横径1.4cm，果肉厚0.18cm，果梗长3.6cm，青熟果深绿色，老熟果橙黄色，果长指形，果面光滑、有光泽、无棱沟，心室数2个。单果重5.4g，单株果数28个。单果种子数31粒，种皮黄色，种子千粒重5.2g。二氢辣椒素含量1.08g/kg，辣椒素含量1.65g/kg。抗炭疽病，抗病毒病。

植　株　　叶　片　　花

青熟果　　老熟果　　种　子

C20

种质名称：C20

来 源 地：三明市农业科学研究院（福建省沙县）

种质类型：遗传材料

特征特性：株型半直立，株高73.2cm，株幅70.5cm，分枝性强，主茎深绿色、无茸毛。叶片长9.6cm，叶片宽3.5cm，叶柄长4.2cm，叶深绿色、长卵圆形。首花节位9节，花冠白色，花药浅蓝色，花柱白色、短于雄蕊。商品果纵径6.6cm，商品果横径1.3cm，果肉厚0.18cm，果梗长2.3cm，青熟果深绿色，老熟果鲜红色，果短指形，果面光滑、有光泽、无棱沟，心室数3个。单果重5.7g，单株果数61个。单果种子数39粒，种皮黄色，种子千粒重5.5g。二氢辣椒素含量0.99g/kg，辣椒素含量1.45g/kg。抗炭疽病，抗病毒病。

植　株　　叶　片　　花

青熟果　　老熟果　　种　子

C23

种质名称：C23

来 源 地：三明市农业科学研究院（福建省沙县）

种质类型：遗传材料

特征特性：株型半直立，株高57.1cm，株幅50.7cm，分枝性强，主茎深绿色、无茸毛。叶片长10.2cm，叶片宽3.7cm，叶柄长3.6cm，叶绿色、长卵圆形。首花节位9节，花冠白色，花药浅蓝色，花柱白色、短于雄蕊。商品果纵径7.1cm，商品果横径1.2cm，果肉厚0.18cm，果梗长5.9cm，青熟果绿色，老熟果橙黄色，果长指形，果面微皱、有光泽、棱沟浅，心室数2个。单果重7.3g，单株果数28个。单果种子数18粒，种皮黄色，种子千粒重6.3g。二氢辣椒素含量1.39g/kg，辣椒素含量1.44g/kg。中抗炭疽病，感病毒病。

植　株　　叶　片　　花

青熟果　　老熟果　　种　子

C25

种质名称：C25

来 源 地：三明市农业科学研究院（福建省沙县）

种质类型：遗传材料

特征特性：株型开展，株高50.5cm，株幅55.6cm，分枝性中，主茎浅绿色、无茸毛。叶片长8.5cm，叶片宽2.8cm，叶柄长3.2cm，叶绿色、长卵圆形。首花节位9节，花冠白色，花药紫色，花柱紫色、与雄蕊近等长。商品果纵径6.8cm，商品果横径1.2cm，果肉厚0.15 cm，果梗长2.4cm，青熟果深绿色，老熟果暗红色，果长羊角形，果面微皱、有光泽、无棱沟，心室数3个。单果重4.9g，单株果数23个。单果种子数31粒，种皮黄色，种子千粒重5.8g。二氢辣椒素含量2.01g/kg，辣椒素含量3.59g/kg。中抗炭疽病，感病毒病。

植 株　　叶 片　　花

青熟果　　老熟果　　种 子

C29

种质名称：C29

来 源 地：三明市农业科学研究院（福建省沙县）

种质类型：遗传材料

特征特性：株型半直立，株高46.6cm，株幅61.6cm，分枝性中，主茎绿色、无茸毛。叶片长6.8cm，叶片宽3.2cm，叶柄长2.0cm，叶绿色、长卵圆形。首花节位7节，花冠白色，花药蓝色，花柱白色、短于雄蕊。商品果纵径11.5cm，商品果横径1.2cm，果肉厚0.22cm，果梗长2.5cm，青熟果绿色，老熟果鲜红色，果长羊角形，果面光滑、有光泽、无棱沟，心室数2个。单果重7.1g，单株果数39个。单果种子数43粒，种皮黄色，种子千粒重6.1g。二氢辣椒素含量1.14g/kg，辣椒素含量1.60g/kg。中抗炭疽病，中抗病毒病。

植　株　　叶　片　　花

青熟果　　老熟果　　种　子

C32

种质名称：C32

来 源 地：三明市农业科学研究院（福建省沙县）

种质类型：遗传材料

特征特性：株型半直立，株高62.4cm，株幅51.6cm，分枝性中，主茎浅绿色、无茸毛。叶片长8.4cm，叶片宽3.7cm，叶柄长2.7cm，叶绿色、长卵圆形。首花节位9节，花冠白色，花药紫色，花柱白色、长于雄蕊。商品果纵径5.2cm，商品果横径1.2cm，果肉厚0.18cm，果梗长2.8cm，青熟果绿色，老熟果橙黄色，果短羊角形，果面光滑、有光泽、无棱沟，心室数2个。单果重4.1g，单株果数28个。单果种子数23粒，种皮黄色，种子千粒重5.7g。二氢辣椒素含量1.09g/kg，辣椒素含量1.64g/kg。中抗炭疽病，中抗病毒病。

植　株　　叶　片　　花

青熟果　　老熟果　　种　子

C39

种质名称：C39

来 源 地：三明市农业科学研究院（福建沙县）

种质类型：遗传材料

特征特性：株型半直立，株高48.7cm，株幅48.9cm，分枝性中，主茎绿色、无茸毛。叶片长9.0cm，叶片宽4.6cm，叶柄长2.2cm，叶绿色、卵圆形。首花节位7节，花冠白色，花药蓝色，花柱紫色、与雄蕊近等长。商品果纵径7.3cm，商品果横径1.6cm，果肉厚0.22cm，果梗长2.2cm，青熟果绿色，老熟果橙黄色，果短牛角形，果面微皱、有光泽、无棱沟，心室数2个。单果重6.1g，单株果数27个。单果种子数32粒，种皮黄色，种子千粒重5.8g。二氢辣椒素含量0.97g/kg，辣椒素含量2.01g/kg。中抗炭疽病，中抗病毒病。

植　株　　叶　片　　花

青熟果　　老熟果　　种　子

C42

种质名称：C42

来 源 地：三明市农业科学研究院（福建省沙县）

种质类型：遗传材料

特征特性：株型半直立，株高67.3cm，株幅62.6cm，分枝性中，主茎绿色带紫条纹、无茸毛。叶片长9.1cm，叶片宽5.2cm，叶柄长2.5cm，叶绿色、卵圆形。首花节位9节，花冠白色，花药浅蓝色，花柱白色、短于雄蕊。商品果纵径6.6cm，商品果横径1.7cm，果肉厚0.12cm，果梗长3.6cm，青熟果绿色，老熟果鲜红色，果长指形，果面光滑、有光泽、棱沟浅，心室数2个。单果重6.0g，单株果数44个。单果种子数53粒，种皮黄色，种子千粒重5.0g。二氢辣椒素含量0.42g/kg，辣椒素含量0.75g/kg。感炭疽病，中抗病毒病。

植　株　　叶　片　　花

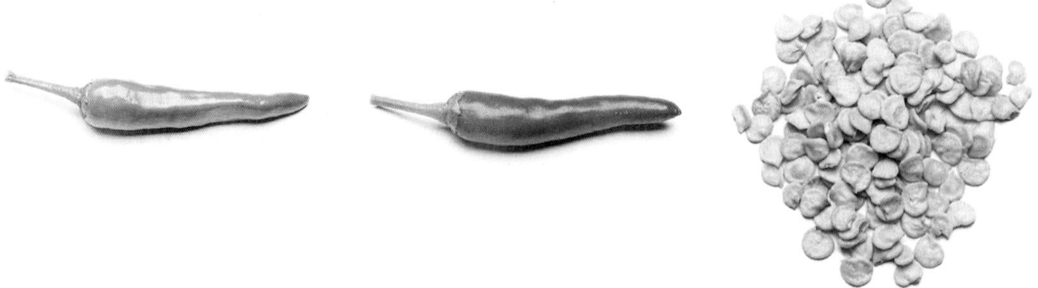

青熟果　　老熟果　　种　子

C43

种质名称：C43

来 源 地：三明市农业科学研究院（福建省沙县）

种质类型：遗传材料

特征特性：株型半直立，株高68.2cm，株幅72.1cm，分枝性中，主茎绿色带紫条纹、无茸毛。叶片长6.6cm，叶片宽3.1cm，叶柄长2.6cm，叶绿色、长卵圆形。首花节位9节，花冠白色，花药蓝色，花柱白色、与雄蕊近等长。商品果纵径5.6cm，商品果横径1.7cm，果肉厚0.22cm，果梗长2.6cm，青熟果绿色，老熟果橘红色，果短指形，果面光滑、有光泽、无棱沟，心室数3个。单果重7.3g，单株果数29个。单果种子数49粒，种皮黄色，种子千粒重6.1g。二氢辣椒素含量0.99g/kg，辣椒素含量1.83g/kg。中抗炭疽病，中抗病毒病。

植　株　　叶　片　　花

青熟果　　老熟果　　种　子

C44

种质名称：C44

来 源 地：三明市农业科学研究院（福建省沙县）

种质类型：遗传材料

特征特性：株型开展，株高64.5cm，株幅75.2cm，分枝性中，主茎绿色带紫条纹、无茸毛。叶片长10.5cm，叶片宽5.3cm，叶柄长3.4cm，叶绿色、卵圆形。首花节位8节，花冠白色，花药蓝色，花柱白色、短于雄蕊。商品果纵径7.6cm，商品果横径2.0cm，果肉厚0.13cm，果梗长2.5cm，青熟果绿色，老熟果鲜红色，果短牛角形，果面微皱、有光泽、无棱沟，心室数2个。单果重10.2g，单株果数48个。单果种子数57粒，种皮棕色，种子千粒重6.9g。二氢辣椒素含量1.05g/kg，辣椒素含量1.31g/kg。中抗炭疽病，中抗病毒病。

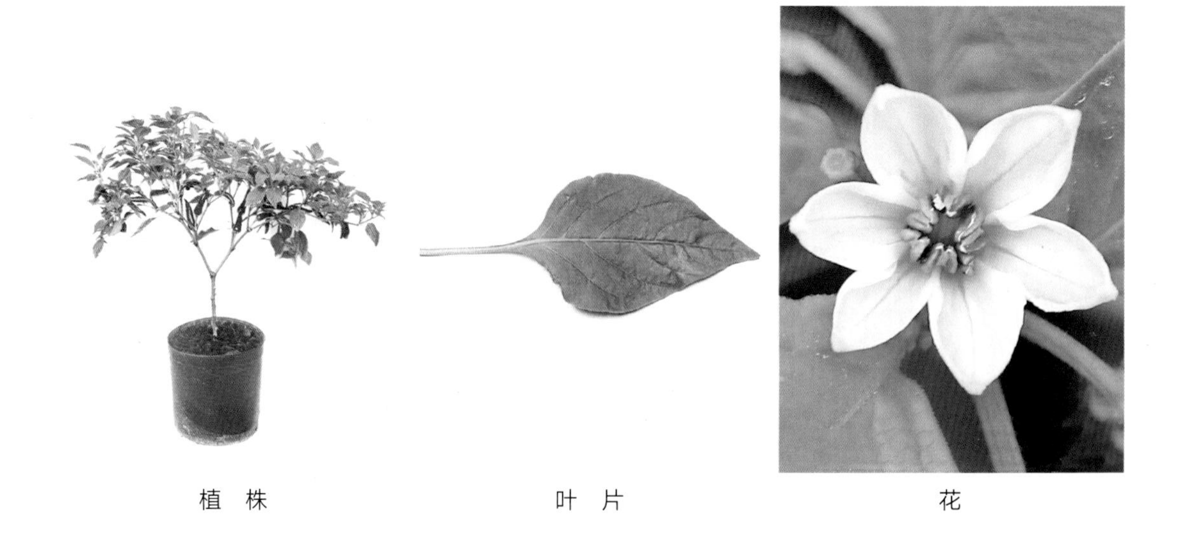

植　株　　叶　片　　花

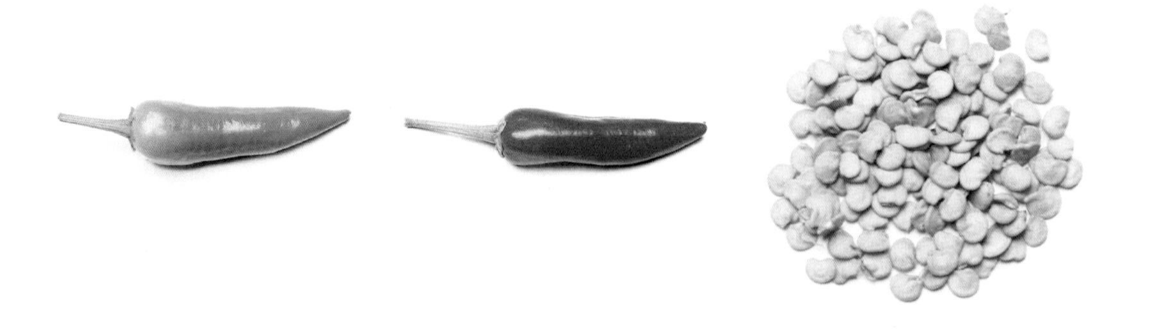

青熟果　　老熟果　　种　子

C45

种质名称：C45

来 源 地：三明市农业科学研究院（福建省沙县）

种质类型：遗传材料

特征特性：株型半直立，株高52.5cm，株幅58.6cm，分枝性中，主茎绿色、无茸毛。叶片长9.1cm，叶片宽4.0cm，叶柄长2.8cm，叶绿色、长卵圆形。首花节位8节，花冠白色，花药紫色，花柱紫色、短于雄蕊。商品果纵径6.4cm，商品果横径1.5cm，果肉厚0.10cm，果梗长3.7cm，青熟果深绿色，老熟果鲜红色，果短指形，果面光滑、有光泽、无棱沟，心室数3个。单果重4.5g，单株果数35个。单果种子数41粒，种皮黄色，种子千粒重6.2g。二氢辣椒素含量0.32g/kg，辣椒素含量0.52g/kg。中抗炭疽病，中抗病毒病。

植　株　　叶　片　　花

青熟果　　老熟果　　种　子

C49

种质名称：C49

来 源 地：三明市农业科学研究院（福建省沙县）

种质类型：遗传材料

特征特性：株型直立，株高68.1cm，株幅52.3cm，分枝性强，主茎绿色带紫条纹、无茸毛。叶片长8.5cm，叶片宽3.2cm，叶柄长2.9cm，叶绿色、长卵圆形。首花节位8节，花冠白色，花药浅蓝色，花柱白色、短于雄蕊。商品果纵径9.8cm，商品果横径1.7cm，果肉厚0.18cm，果梗长3.2cm，青熟果绿色，老熟果鲜红色，果长指形，果面微皱、有光泽、棱沟浅，心室数2个。单果重9.8g，单株果数42个。单果种子数63粒，种皮黄色，种子千粒重5.5g。二氢辣椒素含量1.08g/kg，辣椒素含量1.65g/kg。中抗炭疽病，中抗病毒病。

植 株

叶 片

花

青熟果

老熟果

种 子

C52

种质名称：C52

来 源 地：三明市农业科学研究院（福建省沙县）

种质类型：遗传材料

特征特性：株型半直立，株高53.5cm，株幅55.7cm，分枝性中，主茎浅绿色、无茸毛。叶片长6.7cm，叶片宽2.4cm，叶柄长2.6cm，叶绿色、长卵圆形。首花节位11节，花冠白色，花药蓝色，花柱白色、短于雄蕊。商品果纵径3.5cm，商品果横径1.2cm，果肉厚0.28cm，果梗长2.8cm，青熟果乳黄色，老熟果橘红色，果短指形，果面微皱、有光泽、无棱沟，心室数2个。单果重3.6g，单株果数95个。单果种子数18粒，种皮黄色，种子千粒重5.3g。二氢辣椒素含量0.83g/kg，辣椒素含量1.22g/kg。中抗炭疽病，中抗病毒病。

植　株　　叶　片　　花

青熟果　　老熟果　　种　子

C58

种质名称：C58

来 源 地：三明市农业科学研究院（福建省沙县）

种质类型：遗传材料

特征特性：株型半直立，株高61.5cm，株幅63.7cm，分枝性强，主茎绿色、无茸毛。叶片长7.9cm，叶片宽3.6cm，叶柄长3.8cm，叶绿色、长卵圆形。首花节位11节，花冠白色，花药蓝色，花柱白色、与雄蕊近等长。商品果纵径5.9cm，商品果横径2.1cm，果肉厚0.18cm，果梗长2.9cm，青熟果深绿色，老熟果暗红色，果短指形，果面光滑、有光泽、棱沟深，心室数2个。单果重6.9g，单株果数42个。单果种子数33粒，种皮黄色，种子千粒重4.6g。二氢辣椒素含量1.06g/kg，辣椒素含量1.21g/kg。中抗炭疽病，抗病毒病。

植　株　　叶　片　　花

青熟果　　老熟果　　种　子

C62

种质名称：C62

来 源 地：三明市农业科学研究院（福建省沙县）

种质类型：遗传材料

特征特性：株型直立，株高87.9cm，株幅51.3cm，分枝性强，主茎绿色、无茸毛。叶片长9.3cm，叶片宽3.4cm，叶柄长2.2cm，叶绿色、长卵圆形。首花节位9节，花冠白色，花药紫色，花柱白色、与雄蕊近等长。商品果纵径10.9cm，商品果横径1.5cm，果肉厚0.20cm，果梗长2.4cm，青熟果绿色，老熟果鲜红色，果长指形，果面微皱、有光泽、无棱沟，心室数3个。单果重8.3g，单株果数84个。单果种子数47粒，种皮黄色，种子千粒重5.4g。二氢辣椒素含量0.83g/kg，辣椒素含量1.01g/kg。中抗炭疽病，中抗病毒病。

植　株　　叶　片　　花

青熟果　　老熟果　　种　子

C65

种质名称：C65

来 源 地：三明市农业科学研究院（福建省沙县）

种质类型：遗传材料

特征特性：株型半直立，株高62.1cm，株幅69.3cm，分枝性强，主茎绿色带紫条纹、无茸毛。叶片长8.8cm，叶片宽4.8cm，叶柄长2.5cm，叶深绿色、卵圆形。首花节位9节，花冠白色，花药浅蓝色，花柱白色、短于雄蕊。商品果纵径9.8cm，商品果横径1.4cm，果肉厚0.12cm，果梗长2.7cm，青熟果浅绿色，老熟果鲜红色，果长羊角形，果面光滑、有光泽、无棱沟，心室数2个。单果重8.8g，单株果数78个。单果种子数66粒，种皮黄色，种子千粒重5.9g。二氢辣椒素含量0.63g/kg，辣椒素含量0.72g/kg。中抗炭疽病，中抗病毒病。

植　株　　叶　片　　花

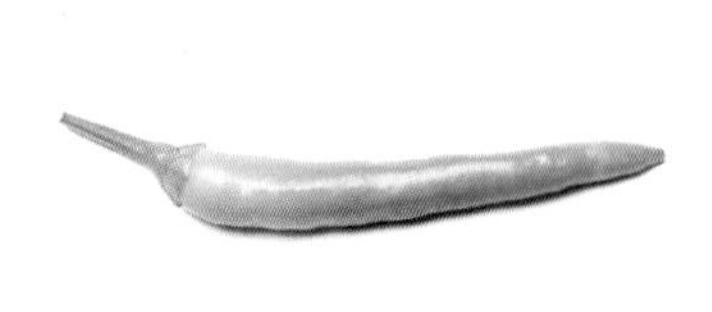

青熟果

老熟果

种　子

C66

种质名称：C66

来 源 地：三明市农业科学研究院（福建省沙县）

种质类型：遗传材料

特征特性：株型直立，株高68.4cm，株幅61.2cm，分枝性强，主茎绿色带紫条纹、茸毛稀。叶片长8.6cm，叶片宽2.9cm，叶柄长1.8cm，叶深绿色、披针形。首花节位7节，花冠白色，花药紫色，花柱白色、与雄蕊近等长。商品果纵径8.6cm，商品果横径1.5cm，果肉厚0.08cm，果梗长2.9cm，青熟果绿色，老熟果暗红色，果长羊角形，果面微皱、有光泽、无棱沟，心室数2个。单果重6.7g，单株果数57个。单果种子数40粒，种皮黄色，种子千粒重6.8g。二氢辣椒素含量0.74g/kg，辣椒素含量1.40g/kg。中抗炭疽病，中抗病毒病。

植　株　　叶　片　　花

青熟果　　老熟果　　种　子

C68

种质名称：C68

来 源 地：三明市农业科学研究院（福建省沙县）

种质类型：遗传材料

特征特性：株型开展，株高37.8cm，株幅61.3cm，分枝性强，主茎紫色、无茸毛。叶片长6.5cm，叶片宽3.1cm，叶柄长2.3cm，叶绿色、长卵圆形。首花节位7节，花冠白色，花药浅蓝色，花柱白色、与雄蕊近等长。商品果纵径9.8cm，商品果横径1.4cm，果肉厚0.12cm，果梗长2.8cm，青熟果绿色，老熟果鲜红色，果长指形，果面光滑、有光泽、无棱沟，心室数2个。单果重6.5g，单株果数34个。单果种子数42粒，种皮黄色，种子千粒重5.6g。二氢辣椒素含量0.70g/kg，辣椒素含量1.61g/kg。中抗炭疽病，中抗病毒病。

植　株　　叶　片　　花

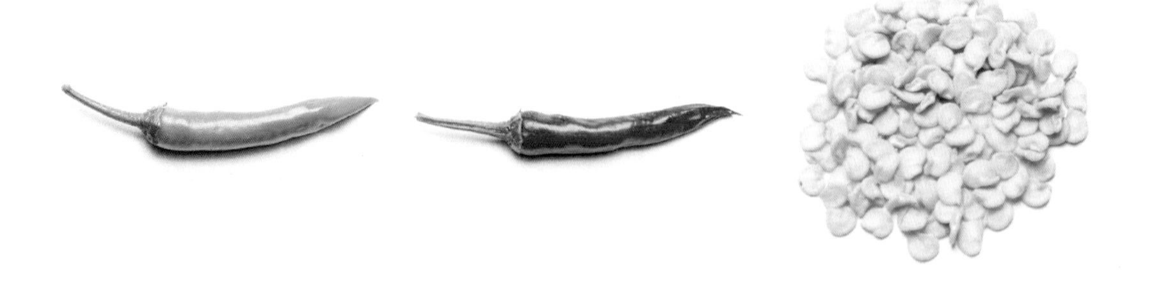

青熟果　　老熟果　　种　子

C72

种质名称：C72

来 源 地：三明市农业科学研究院（福建省沙县）

种质类型：遗传材料

特征特性：株型半直立，株高66.7cm，株幅70.2cm，分枝性中，主茎深绿色、无茸毛。叶片长10.9cm，叶片宽4.8cm，叶柄长3.5cm，叶绿色、长卵圆形。首花节位8节，花冠白色，花药紫色，花柱白色、短于雄蕊。商品果纵径7.2cm，商品果横径1.6cm，果肉厚0.25cm，果梗长3.1cm，青熟果浅绿色，老熟果橙黄色，果长指形，果面光滑、有光泽、无棱沟，心室数4个。单果重12.0g，单株果数36个。单果种子数45粒，种皮黄色，种子千粒重4.3g。二氢辣椒素含量0.18g/kg，辣椒素含量0.52g/kg。中抗炭疽病，中抗病毒病。

植　株　　叶　片　　花

青熟果　　老熟果　　种　子

C77

种质名称：C77

来 源 地：三明市农业科学研究院（福建省沙县）

种质类型：遗传材料

特征特性：株型半直立，株高38.2cm，株幅42.7cm，分枝性弱，主茎绿色、无茸毛。叶片长7.2cm，叶片宽4.1cm，叶柄长4.7cm，叶绿色、长卵圆形。首花节位7节，花冠白色，花药紫色，花柱白色、长于雄蕊。商品果纵径9.5cm，商品果横径2.1cm，果肉厚0.19cm，果梗长2.8cm，青熟果浅绿色，老熟果橙黄色，果长指形，果面微皱、有光泽、无棱沟，心室数3个。单果重10.3g，单株果数18个。单果种子数72粒，种皮黄色，种子千粒重7.0g。二氢辣椒素含量0.58g/kg，辣椒素含量0.79g/kg。中抗炭疽病，中抗病毒病。

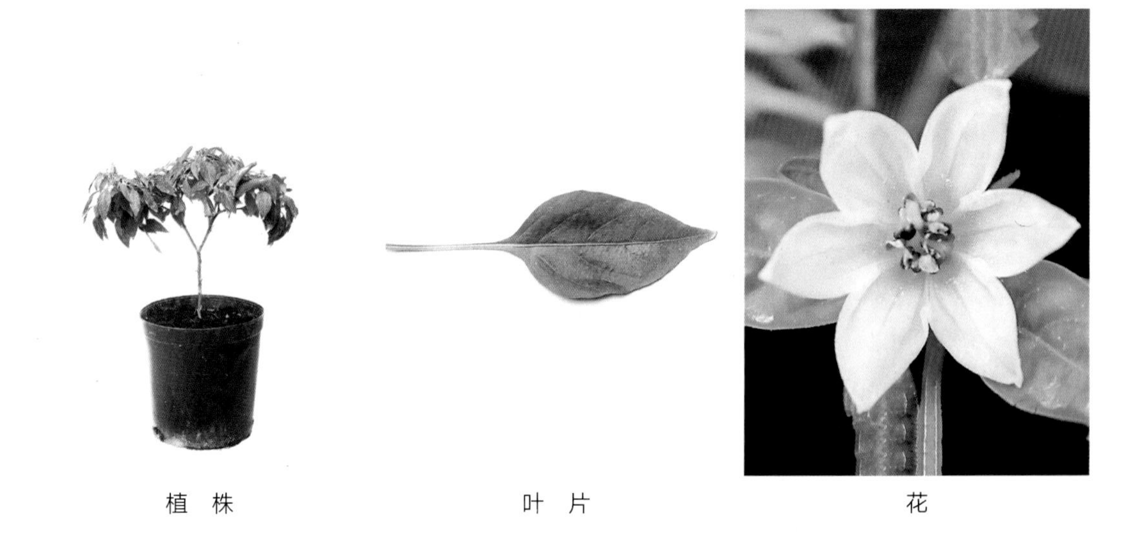

植　株　　　叶　片　　　花

青熟果　　　老熟果　　　种　子

C78

种质名称：C78

来 源 地：三明市农业科学研究院（福建省沙县）

种质类型：遗传材料

特征特性：株型半直立，株高45.7cm，株幅51.5cm，分枝性弱，主茎浅绿色、无茸毛。叶片长7.9cm，叶片宽3.6cm，叶柄长1.6cm，叶绿色、长卵圆形。首花节位7节，花冠白色，花药紫色，花柱白色、短于雄蕊。商品果纵径9.9cm，商品果横径1.6cm，果肉厚0.18cm，果梗长3.4cm，青熟果绿色，老熟果橙黄色，果长羊角形，果面微皱、有光泽、无棱沟，心室数2个。单果重9.5g，单株果数23个。单果种子数61粒，种皮黄色，种子千粒重6.1g。二氢辣椒素含量1.45g/kg，辣椒素含量1.71g/kg。中抗炭疽病，感病毒病。

植　株　　　叶　片　　　花

青熟果　　　老熟果　　　种　子

C80

种质名称：C80

来 源 地：三明市农业科学研究院（福建沙县）

种质类型：遗传材料

特征特性：株型半直立，株高49.7cm，株幅72.3cm，分枝性中，主茎绿色、无茸毛。叶片长6.7cm，叶片宽2.8cm，叶柄长2.5cm，叶深绿色、长卵圆形。首花节位7节，花冠白色，花药蓝色，花柱白色、长于雄蕊。商品果纵径8.8cm，商品果横径1.9cm，果肉厚0.15cm，果梗长2.5cm，青熟果深绿色，老熟果鲜红色，果长指形，果面微皱、有光泽、无棱沟，心室数2个。单果重8.1g，单株果数43个。单果种子数61粒，种皮黄色，种子千粒重5.3g。二氢辣椒素含量1.10g/kg，辣椒素含量1.31g/kg。抗炭疽病，抗病毒病。

植 株　　叶 片　　花

青熟果　　老熟果　　种 子

C82

种质名称：C82

来 源 地：三明市农业科学研究院（福建省沙县）

种质类型：遗传材料

特征特性：株型开展，株高45.5cm，株幅60.9cm，分枝性强，主茎绿色、无茸毛。叶片长7.1cm，叶片宽3.3cm，叶柄长2.6cm，叶深绿色、长卵圆形。首花节位9节，花冠白色，花药蓝色，花柱紫色、与雄蕊近等长。商品果纵径10.3cm，商品果横径1.4cm，果肉厚0.20cm，果梗长3.0cm，青熟果绿色，老熟果橘红色，果长羊角形，果面微皱、有光泽、无棱沟，心室数2个。单果重9.2g，单株果数43个。单果种子数71粒，种皮黄色，种子千粒重6.3g。二氢辣椒素含量0.72g/kg，辣椒素含量0.84g/kg。中抗炭疽病，感病毒病。

植　株　　叶　片　　花

青熟果　　老熟果　　种　子

C83

种质名称：C83

来 源 地：三明市农业科学研究院（福建省沙县）

种质类型：遗传材料

特征特性：株型半直立，株高48.5cm，株幅60.9cm，分枝性强，主茎绿色带紫条纹、无茸毛。叶片长7.8cm，叶片宽3.4cm，叶柄长3.1cm，叶深绿色、长卵圆形。首花节位9节，花冠白色，花药紫色，花柱紫色、与雄蕊近等长。商品果纵径7.4cm，商品果横径1.5cm，果肉厚0.11cm，果梗长2.3cm，青熟果绿色，老熟果暗红色，果长指形，果面皱、有光泽、无棱沟，心室数2个。单果重2.9g，单株果数42个。单果种子数41粒，种皮黄色，种子千粒重5.3g。二氢辣椒素含量0.66g/kg，辣椒素含量0.81g/kg。抗炭疽病，抗病毒病。

植 株　　叶 片　　花

青熟果　　老熟果　　种 子

C85

种质名称：C85

来 源 地：三明市农业科学研究院（福建省沙县）

种质类型：遗传材料

特征特性：株型半直立，株高42.2cm，株幅50.7cm，分枝性中，主茎浅绿色、无茸毛。叶片长8.1cm，叶片宽2.8cm，叶柄长2.3cm，叶绿色、披针形。首花节位7节，花冠白色，花药紫色，花柱白色、短于雄蕊。商品果纵径7.4cm，商品果横径1.2cm，果肉厚0.15cm，果梗长2.2cm，青熟果绿色，老熟果橘红色，果长羊角形，果面光滑、有光泽、无棱沟，心室数3个。单果重4.0g，单株果数33个。单果种子数53粒，种皮黄色，种子千粒重7.5g。二氢辣椒素含量0.44g/kg，辣椒素含量0.96g/kg。抗炭疽病，抗病毒病。

植　株　　叶　片　　花

青熟果　　老熟果　　种　子

C88

种质名称：C88

来 源 地：三明市农业科学研究院（福建省沙县）

种质类型：遗传材料

特征特性：株型半直立，株高70.4cm，株幅80.9cm，分枝性强，主茎绿色、无茸毛。叶片长9.5cm，叶片宽4.6cm，叶柄长3.2cm，叶绿色、卵圆形。首花节位9节，花冠白色，花药浅蓝色，花柱白色、与雄蕊近等长。商品果纵径6.2cm，商品果横径1.8cm，果肉厚0.18cm，果梗长2.0cm，青熟果深绿色，老熟果暗红色，果短指形，果面微皱、有光泽、无棱沟，心室数3个。单果重6.1g，单株果数52个。单果种子数31粒，种皮黄色，种子千粒重6.0g。二氢辣椒素含量0.55g/kg，辣椒素含量0.60g/kg。中抗炭疽病，感病毒病。

植　株　　　叶　片　　　花

青熟果　　　老熟果　　　种　子

C91

种质名称：C91

来 源 地：三明市农业科学研究院（福建省沙县）

种质类型：遗传材料

特征特性：株型开展，株高62.3cm，株幅84.6cm，分枝性中，主茎绿色、无茸毛。叶片长9.5cm，叶片宽3.8cm，叶柄长2.6cm，叶绿色、披针形。首花节位9节，花冠白色，花药紫色，花柱白色、与雄蕊近等长。商品果纵径7.8cm，商品果横径2.1cm，果肉厚0.20cm，果梗长2.4cm，青熟果浅绿色，老熟果暗红色，果长牛角形，果面微皱、有光泽、无棱沟，心室数3个。单果重9.4g，单株果数46个。单果种子数52粒，种皮黄色，种子千粒重4.9g。二氢辣椒素含量0.96g/kg，辣椒素含量1.32g/kg。中抗炭疽病，中抗病毒病。

植　株　　叶　片　　花

青熟果　　老熟果　　种　子

C92

种质名称：C92

来 源 地：三明市农业科学研究院（福建省沙县）

种质类型：遗传材料

特征特性：株型半直立，株高54.5cm，株幅44.3cm，分枝性中，主茎浅绿色、无茸毛。叶片长7.2cm，叶片宽3.4cm，叶柄长3.5cm，叶浅绿色、长卵圆形。首花节位11节，花冠白色，花药蓝色，花柱紫色、长于雄蕊。商品果纵径6.8cm，商品果横径1.5cm，果肉厚0.12cm，果梗长2.1cm，青熟果深绿色，老熟果暗红色，果长牛角形，果面微皱、有光泽、无棱沟，心室数2个。单果重4.9g，单株果数37个。单果种子数47粒，种皮黄色，种子千粒重7.2g。二氢辣椒素含量0.75g/kg，辣椒素含量1.13g/kg。中抗炭疽病，中抗病毒病。

植　株　　叶　片　　花

青熟果　　老熟果　　种　子

C95

种质名称：C95

来 源 地：三明市农业科学研究院（福建省沙县）

种质类型：遗传材料

特征特性：株型半直立，株高64.7cm，株幅77.3cm，分枝性强，主茎绿色、无茸毛。叶片长8.5cm，叶片宽3.6cm，叶柄长2.8cm，叶绿色、长卵圆形。首花节位9节，花冠白色，花药蓝色，花柱白色、与雄蕊近等长。商品果纵径8.2cm，商品果横径2.0cm，果肉厚0.25cm，果梗长2.5cm，青熟果深绿色，老熟果橘红色，果短羊角形，果面光滑、有光泽、无棱沟，心室数2个。单果重7.8g，单株果数69个。单果种子数50粒，种皮黄色，种子千粒重4.9g。二氢辣椒素含量0.51g/kg，辣椒素含量0.49g/kg。抗炭疽病，抗病毒病。

植　株　　叶　片　　花

青熟果　　老熟果　　种　子

C98

种质名称：C98

来 源 地：三明市农业科学研究院（福建省沙县）

种质类型：遗传材料

特征特性：株型半直立，株高65.3cm，株幅80.9cm，分枝性中，主茎绿色带紫条纹、无茸毛。叶片长7.5cm，叶片宽4.3cm，叶柄长2.2cm，叶浅绿色、卵圆形。首花节位9节，花冠白色，花药紫色，花柱紫色、短于雄蕊。商品果纵径8.8cm，商品果横径1.8cm，果肉厚0.24cm，果梗长2.8cm，青熟果绿色，老熟果鲜红色，果长羊角形，果面光滑、有光泽、无棱沟，心室数3个。单果重9.4g，单株果数38个。单果种子数62粒，种皮黄色，种子千粒重5.3g。二氢辣椒素含量0.55g/kg，辣椒素含量0.73g/kg。中抗炭疽病，中抗病毒病。

植　株　　　叶　片　　　花

青熟果　　　老熟果　　　种　子

C100

种质名称：C100

来 源 地：三明市农业科学研究院（福建省沙县）

种质类型：遗传材料

特征特性：株型开展，株高44.2cm，株幅63.8cm，分枝性中，主茎绿色带紫条纹、无茸毛。叶片长8.7cm，叶片宽3.5cm，叶柄长2.6cm，叶深绿色、披针形。首花节位7节，花冠白色，花药紫色，花柱紫色、与雄蕊近等长。商品果纵径7.5cm，商品果横径1.8cm，果肉厚0.12cm，果梗长3.7cm，青熟果浅绿色，老熟果橘红色，果长牛角形，果面微皱、有光泽、无棱沟，心室数2个。单果重5.0g，单株果数35个。单果种子数37粒，种皮黄色，种子千粒重5.8g。二氢辣椒素含量0.33g/kg，辣椒素含量0.47g/kg。抗炭疽病，抗病毒病。

植　株　　叶　片　　花

青熟果　　老熟果　　种　子

C101

种质名称：C101

来 源 地：三明市农业科学研究院（福建省沙县）

种质类型：遗传材料

特征特性：株型半直立，株高35.6cm，株幅50.7cm，分枝性弱，主茎紫色、无茸毛。叶片长9.8cm，叶片宽4.0cm，叶柄长2.4cm，叶深绿色、长卵圆形。首花节位7节，花冠白色，花药紫色，花柱紫色、短于雄蕊。商品果纵径8.0cm，商品果横径1.7cm，果肉厚0.10cm，果梗长2.2cm，青熟果深绿色，老熟果鲜红色，果长指形，果面光滑、有光泽、无棱沟，心室数2个。单果重6.3g，单株果数32个。单果种子数42粒，种皮黄色，种子千粒重5.9g。二氢辣椒素含量1.34g/kg，辣椒素含量1.75g/kg。抗炭疽病，抗病毒病。

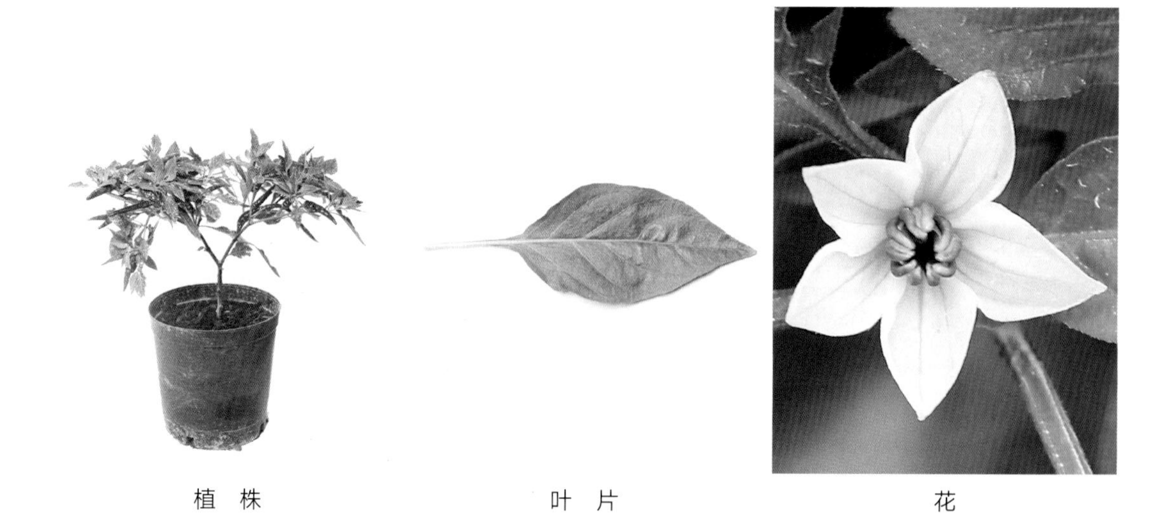

植 株　　叶 片　　花

青熟果　　老熟果　　种 子

C106

种质名称：C106

来 源 地：三明市农业科学研究院（福建省沙县）

种质类型：遗传材料

特征特性：株型半直立，株高50.9cm，株幅68.7cm，分枝性中，主茎绿色、无茸毛。叶片长6.1cm，叶片宽2.7cm，叶柄长2.8cm，叶浅绿色、长卵圆形。首花节位11节，花冠白色，花药紫色，花柱紫色、长于雄蕊。商品果纵径9.4cm，商品果横径1.4cm，果肉厚0.11cm，果梗长2.3cm，青熟果绿色，老熟果鲜红色，果长牛角形，果面微皱、有光泽、无棱沟，心室数2个。单果重7.3g，单株果数43个。单果种子数72粒，种皮黄色，种子千粒重6.5g。二氢辣椒素含量0.83g/kg，辣椒素含量0.99g/kg。中抗炭疽病，中抗病毒病。

植　株　　叶　片　　花

青熟果　　老熟果　　种　子

C110

种质名称：C110

来 源 地：三明市农业科学研究院（福建省沙县）

种质类型：遗传材料

特征特性：株型直立，株高79.8cm，株幅55.3cm，分枝性中，主茎绿色、无茸毛。叶片长8.1cm，叶片宽4.2cm，叶柄长2.5cm，叶绿色、长卵圆形。首花节位13节，花冠白色，花药紫色，花柱紫色、与雄蕊近等长。商品果纵径8.7cm，商品果横径1.6cm，果肉厚0.25cm，果梗长2.6cm，青熟果浅绿色，老熟果鲜红色，果长指形，果面微皱、有光泽、无棱沟，心室数2个。单果重10.0g，单株果数32个。单果种子数35粒，种皮黄色，种子千粒重4.1g。二氢辣椒素含量1.05g/kg，辣椒素含量1.26g/kg。中抗炭疽病，中抗病毒病。

植　株　　叶　片　　花

青熟果　　老熟果　　种　子

C111

种质名称：C111

来 源 地：三明市农业科学研究院（福建省沙县）

种质类型：遗传材料

特征特性：株型开展，株高48.5cm，株幅55.2cm，分枝性强，主茎绿色带紫条纹、无茸毛。叶片长8.2cm，叶片宽2.6cm，叶柄长2.6cm，叶绿色、披针形。首花节位11节，花冠白色，花药紫色，花柱白色、短于雄蕊。商品果纵径7.3cm，商品果横径1.8cm，果肉厚0.10cm，果梗长2.2cm，青熟果绿色，老熟果橘红色，果长牛角形，果面微皱、有光泽、无棱沟，心室数2个。单果重11.5g，单株果数46个。单果种子数52粒，种皮黄色，种子千粒重7.3g。二氢辣椒素含量0.56g/kg，辣椒素含量0.80g/kg。中抗炭疽病，高感病毒病。

植　株　　叶　片　　花

青熟果　　老熟果　　种　子

C112

种质名称：C112

来 源 地：三明市农业科学研究院（福建省沙县）

种质类型：遗传材料

特征特性：株型半直立，株高72.1cm，株幅68.3cm，分枝性中，主茎绿色带紫条纹、无茸毛。叶片长8.3cm，叶片宽3.8cm，叶柄长2.9cm，叶绿色、长卵圆形。首花节位13节，花冠白色，花药浅黄色，花柱白色、与雄蕊近等长。商品果纵径8.5cm，商品果横径1.8cm，果肉厚0.18cm，果梗长2.2cm，青熟果绿色，老熟果橘红色，果长牛角形，果面光滑、有光泽、无棱沟，心室数2个。单果重5.9g，单株果数32个。单果种子数44粒，种皮黄色，种子千粒重4.9g。二氢辣椒素含量1.06g/kg，辣椒素含量1.42g/kg。中抗炭疽病，中抗病毒病。

植　株　　叶　片　　花

青熟果　　老熟果　　种　子

C119

种质名称：C119

来 源 地：三明市农业科学研究院（福建省沙县）

种质类型：遗传材料

特征特性：株型半直立，株高60.4cm，株幅70.2cm，分枝性中，主茎绿色、无茸毛。叶片长7.6cm，叶片宽3.1cm，叶柄长3.5cm，叶绿色、长卵圆形。首花节位11节，花冠白色，花药紫色，花柱紫色、与雄蕊近等长。商品果纵径9.2cm，商品果横径1.9cm，果肉厚0.22cm，果梗长2.9cm，青熟果绿色，老熟果橘红色，果长牛角形，果面光滑、有光泽、无棱沟，心室数3个。单果重12.1g，单株果数35个。单果种子数57粒，种皮黄色，种子千粒重5.9g。二氢辣椒素含量0.35g/kg，辣椒素含量0.46g/kg。抗炭疽病，抗病毒病。

植　株　　叶　片　　花

青熟果　　老熟果　　种　子

C121

种质名称：C121

来 源 地：三明市农业科学研究院（福建省沙县）

种质类型：遗传材料

特征特性：株型直立，株高51.1cm，株幅72.2cm，分枝性强，主茎绿色、无茸毛。叶片长7.7cm，叶片宽4.0cm，叶柄长2.8cm，叶绿色、长卵圆形。首花节位7节，花冠白色，花药黄色，花柱白色、短于雄蕊。商品果纵径6.5cm，商品果横径2.6cm，果肉厚0.22cm，果梗长3.2cm，青熟果绿色，老熟果橙黄色，果短指形，果面光滑、有光泽、无棱沟，心室数2个。单果重13.7g，单株果数72个。单果种子数74粒，种皮黄色，种子千粒重4.8g。二氢辣椒素含量0.98g/kg，辣椒素含量1.68g/kg。中抗炭疽病，中抗病毒病。

植 株

叶 片

花

青熟果

老熟果

种 子

C125

种质名称：C125

来 源 地：三明市农业科学研究院（福建省沙县）

种质类型：遗传材料

特征特性：株型半直立，株高58.7cm，株幅60.7cm，分枝性强，主茎绿色、无茸毛。叶片长8.1cm，叶片宽3.6cm，叶柄长5.1cm，叶深绿色、长卵圆形。首花节位9节，花冠白色，花药紫色，花柱白色、短于雄蕊。商品果纵径14.8cm，商品果横径1.1cm，果肉厚0.08cm，果梗长2.1cm，青熟果浅绿色，老熟果鲜红色，果线形，果面微皱、有光泽、无棱沟，心室数2个。单果重5.1g，单株果数44个。单果种子数52粒，种皮棕色，种子千粒重6.8g。二氢辣椒素含量0.82g/kg，辣椒素含量0.96g/kg。中抗炭疽病，中抗病毒病。

植　株　　叶　片　　花

青熟果　　老熟果　　种　子

C128

种质名称：C128

来 源 地：三明市农业科学研究院（福建省沙县）

种质类型：遗传材料

特征特性：株型半直立，株高70.6cm，株幅70.5cm，分枝性强，主茎绿色带紫条纹、无茸毛。叶片长8.6cm，叶片宽4.4cm，叶柄长4.1cm，叶绿色、长卵圆形。首花节位11节，花冠白色，花药浅蓝色，花柱白色、短于雄蕊。商品果纵径10.7cm，商品果横径1.2cm，果肉厚0.18cm，果梗长3.7cm，青熟果浅绿色，老熟果鲜红色，果长羊角形，果面光滑、有光泽、无棱沟，心室数3个。单果重9.4g，单株果数66个。单果种子数58粒，种皮黄色，种子千粒重5.7g。二氢辣椒素含量0.49g/kg，辣椒素含量0.89g/kg。抗炭疽病，抗病毒病。

植 株　　叶 片　　花

青熟果　　老熟果　　种 子

C131

种质名称：C131

来 源 地：三明市农业科学研究院（福建省沙县）

种质类型：遗传材料

特征特性：株型半直立，株高46.8cm，株幅61.5cm，分枝性中，主茎绿色带紫条纹、无茸毛。叶片长6.3cm，叶片宽3.5cm，叶柄长2.1cm，叶深绿色、卵圆形。首花节位9节，花冠白色，花药黄色，花柱白色、短于雄蕊。商品果纵径10.9cm，商品果横径1.7cm，果肉厚0.10cm，果梗长2.7cm，青熟果绿色，老熟果鲜红色，果长羊角形，果面微皱、有光泽、无棱沟，心室数2个。单果重7.5g，单株果数35个。单果种子数49粒，种皮棕色，种子千粒重6.2g。二氢辣椒素含量0.77g/kg，辣椒素含量0.98g/kg。抗炭疽病，中抗病毒病。

植　株　　叶　片　　花

青熟果　　老熟果　　种　子

C133

种质名称：C133

来 源 地：三明市农业科学研究院（福建省沙县）

种质类型：遗传材料

特征特性：株型半直立，株高64.2cm，株幅60.5cm，分枝性强，主茎绿色带紫条纹、无茸毛。叶片长10.5cm，叶片宽3.5cm，叶柄长4.2cm，叶绿色、披针形。首花节位8节，花冠白色，花药紫色，花柱紫色、与雄蕊近等长。商品果纵径11.7cm，商品果横径1.4cm，果肉厚0.15cm，果梗长2.2cm，青熟果浅绿色，老熟果鲜红色，果线形，果面皱、有光泽、无棱沟，心室数3个。单果重6.0g，单株果数40个。单果种子数39粒，种皮黄色，种子千粒重5.1g。二氢辣椒素含量0.86g/kg，辣椒素含量1.26g/kg。中抗炭疽病，中抗病毒病。

植 株　　叶 片　　花

青熟果　　老熟果　　种 子

C137

种质名称：C137

来 源 地：三明市农业科学研究院（福建省沙县）

种质类型：遗传材料

特征特性：株型半直立，株高57.8cm，株幅68.3cm，分枝性强，主茎浅绿色、无茸毛。叶片长6.7cm，叶片宽3.5cm，叶柄长2.2cm，叶绿色、卵圆形。首花节位7节，花冠白色，花药紫色，花柱紫色、长于雄蕊。商品果纵径9.8cm，商品果横径1.0cm，果肉厚0.15cm，果梗长3.6cm，青熟果浅绿色，老熟果鲜红色，果线形，果面光滑、有光泽、无棱沟，心室数2个。单果重5.0g，单株果数40个。单果种子数37粒，种皮黄色，种子千粒重5.1g。二氢辣椒素含量0.39g/kg，辣椒素含量0.37g/kg。感炭疽病，中抗病毒病。

植　株　　叶　片　　花

青熟果　　老熟果　　种　子

C142

种质名称：C142

来 源 地：三明市农业科学研究院（福建省沙县）

种质类型：遗传材料

特征特性：株型半直立，株高57.1cm，株幅60.7cm，分枝性强，主茎绿色、无茸毛。叶片长9.1cm，叶片宽4.5cm，叶柄长4.1cm，叶深绿色、长卵圆形。首花节位9节，花冠白色，花药紫色，花柱白色、短于雄蕊。商品果纵径12.2cm，商品果横径1.1cm，果肉厚0.16cm，果梗长2.6cm，青熟果深绿色，老熟果鲜红色，果线形，果面微皱、有光泽、无棱沟，心室数2个。单果重5.3g，单株果数50个。单果种子数41粒，种皮黄色，种子千粒重6.9g。二氢辣椒素含量0.66g/kg，辣椒素含量1.12g/kg。抗炭疽病，抗病毒病。

植　株　　叶　片　　花

青熟果　　老熟果　　种　子

C143

种质名称：C143

来 源 地：三明市农业科学研究院（福建省沙县）

种质类型：遗传材料

特征特性：株型开展，株高45.4cm，株幅80.3cm，分枝性强，主茎绿色、无茸毛。叶片长9.2cm，叶片宽3.9cm，叶柄长4.2cm，叶深绿色、披针形。首花节位7节，花冠白色，花药浅蓝色，花柱白色、短于雄蕊。商品果纵径9.8cm，商品果横径0.9cm，果肉厚0.12cm，果梗长3.1cm，青熟果浅绿色，老熟果鲜红色，果线形，果面微皱、有光泽、无棱沟，心室数3个。单果重2.8g，单株果数95个。单果种子数22粒，种皮黄色，种子千粒重6.0g。二氢辣椒素含量0.87g/kg，辣椒素含量1.03g/kg。中抗炭疽病，中抗病毒病。

植 株　叶 片　花

青熟果　老熟果　种 子

C144

种质名称：C144

来 源 地：三明市农业科学研究院（福建省沙县）

种质类型：遗传材料

特征特性：株型开展，株高60.7cm，株幅82.4cm，分枝性强，主茎浅绿色、无茸毛。叶片长8.5cm，叶片宽3.2cm，叶柄长3.1cm，叶绿色、长卵圆形。首花节位11节，花冠白色，花药浅蓝色，花柱白色、长于雄蕊。商品果纵径12.3cm，商品果横径1.2cm，果肉厚0.18cm，果梗长3.1cm，青熟果深绿色，老熟果鲜红色，果线形，果面皱、有光泽、无棱沟，心室数3个。单果重7.1g，单株果数42个。单果种子数54粒，种皮黄色，种子千粒重6.1g。二氢辣椒素含量0.73g/kg，辣椒素含量1.02g/kg。中抗炭疽病，感病毒病。

植 株　　叶 片　　花

青熟果　　老熟果　　种 子

C147

种质名称：C147

来 源 地：三明市农业科学研究院（福建省沙县）

种质类型：遗传材料

特征特性：株型直立，株高60.4cm，株幅60.7cm，分枝性强，主茎绿色、无茸毛。叶片长7.3cm，叶片宽3.3cm，叶柄长2.6cm，叶绿色、长卵圆形。首花节位9节，花冠白色，花药紫色，花柱紫色、短于雄蕊。商品果纵径11.8cm，商品果横径1.3cm，果肉厚0.14cm，果梗长2.4cm，青熟果深绿色，老熟果橘红色，果线形，果面皱、有光泽、无棱沟，心室数2个。单果重6.9g，单株果数49个。单果种子数60粒，种皮黄色，种子千粒重7.9g。二氢辣椒素含量0.51g/kg，辣椒素含量0.72g/kg。中抗炭疽病，中抗病毒病。

植　株　　叶　片　　花

青熟果　　老熟果　　种　子

C152

种质名称：C152

来 源 地：三明市农业科学研究院（福建省沙县）

种质类型：遗传材料

特征特性：株型半直立，株高47.2cm，株幅56.3cm，分枝性中，主茎绿色带紫条纹、无茸毛。叶片长6.6cm，叶片宽3.1cm，叶柄长2.3cm，叶绿色、长卵圆形。首花节位9节，花冠白色，花药浅蓝色，花柱白色、短于雄蕊。商品果纵径7.3cm，商品果横径1.5cm，果肉厚0.22cm，果梗长3.2cm，青熟果绿色，老熟果鲜红色，果长指形，果面微皱、有光泽、无棱沟，心室数3个。单果重6.6g，单株果数42个。单果种子数30粒，种皮黄色，种子千粒重5.2g。二氢辣椒素含量0.96g/kg，辣椒素含量1.19g/kg。抗炭疽病，抗病毒病。

植　株　　　叶　片　　　花

青熟果　　　老熟果　　　种　子

C155

种质名称：C155

来 源 地：三明市农业科学研究院（福建省沙县）

种质类型：遗传材料

特征特性：株型半直立，株高67.8cm，株幅65.2cm，分枝性中，主茎绿色带紫条纹、无茸毛。叶片长9.0cm，叶片宽3.6cm，叶柄长2.7cm，叶深绿色、长卵圆形。首花节位8节，花冠白色，花药紫色，花柱白色、短于雄蕊。商品果纵径10.3cm，商品果横径1.4cm，果肉厚0.18cm，果梗长2.5cm，青熟果绿色，老熟果橘红色，果线形，果面皱、有光泽、无棱沟，心室数2个。单果重8.4g，单株果数33个。单果种子数62粒，种皮黄色，种子千粒重6.7g。二氢辣椒素含量0.32g/kg，辣椒素含量0.53g/kg。中抗炭疽病，中抗病毒病。

植　株　　叶　片　　花

青熟果　　老熟果　　种　子

C162

种质名称：C162

来 源 地：三明市农业科学研究院（福建省沙县）

种质类型：遗传材料

特征特性：株型半直立，株高57.9cm，株幅58.2cm，分枝性中，主茎浅绿色、无茸毛。叶片长7.0cm，叶片宽3.5cm，叶柄长3.6cm，叶深绿色、长卵圆形。首花节位9节，花冠白色，花药紫色，花柱紫色、长于雄蕊。商品果纵径13.7cm，商品果横径1.2cm，果肉厚0.10cm，果梗长2.3cm，青熟果深绿色，老熟果鲜红色，果线形，果面微皱、有光泽、无棱沟，心室数2个。单果重6.1g，单株果数51个。单果种子数40粒，种皮黄色，种子千粒重6.4g。二氢辣椒素含量0.44g/kg，辣椒素含量0.62g/kg。中抗炭疽病，中抗病毒病。

植 株　　叶 片　　花

青熟果　　老熟果　　种 子

C181

种质名称：C181

来 源 地：三明市农业科学研究院（福建省沙县）

种质类型：遗传材料

特征特性：株型半直立，株高45.3cm，株幅61.3cm，分枝性中，主茎浅绿色、无茸毛。叶片长6.6cm，叶片宽2.1cm，叶柄长2.5cm，叶绿色、披针形。首花节位8节，花冠白色，花药蓝色，花柱白色、短于雄蕊。商品果纵径8.4cm，商品果横径1.1cm，果肉厚0.10 cm，果梗长1.7cm，青熟果浅绿色，老熟果鲜红色，果线形，果面微皱、有光泽、无棱沟，心室数2个。单果重3.8g，单株果数42个。单果种子数32粒，种皮黄色，种子千粒重4.5g。二氢辣椒素含量0.98g/kg，辣椒素含量1.20g/kg。中抗炭疽病，感病毒病。

植　株　　叶　片　　花

青熟果　　老熟果　　种　子

C193

种质名称：C193

来 源 地：三明市农业科学研究院（福建省沙县）

种质类型：遗传材料

特征特性：株型半直立，株高50.6cm，株幅58.6cm，分枝性强，主茎绿色、无茸毛。叶片长6.6cm，叶片宽2.8cm，叶柄长2.1cm，叶绿色、长卵圆形。首花节位8节，花冠白色，花药紫色，花柱白色、短于雄蕊。商品果纵径10.5cm，商品果横径1.0cm，果肉厚0.18cm，果梗长2.6cm，青熟果深绿色，老熟果鲜红色，果线形，果面光滑、有光泽、无棱沟，心室数2个。单果重6.9g，单株果数46个。单果种子数52粒，种皮黄色，种子千粒重5.4g。二氢辣椒素含量0.29g/kg，辣椒素含量0.33g/kg。感炭疽病，中抗病毒病。

植　株　　叶　片　　花

青熟果　　老熟果　　种　子

C201

种质名称：C201

来 源 地：三明市农业科学研究院（福建省沙县）

种质类型：遗传材料

特征特性：株型半直立，株高65.9cm，株幅79.4cm，分枝性强，主茎绿色带紫条纹、无茸毛。叶片长8.0cm，叶片宽3.1cm，叶柄长1.5cm，叶绿色、长卵圆形。首花节位9节，花冠白色，花药紫色，花柱紫色、短于雄蕊。商品果纵径8.3cm，商品果横径1.5cm，果肉厚0.10cm，果梗长4.8cm，青熟果浅绿色，老熟果橙黄色，果长羊角形，果面微皱、有光泽、棱沟浅，心室数3个。单果重5.8g，单株果数43个。单果种子数25粒，种皮黄色，种子千粒重4.8g。二氢辣椒素含量0.49g/kg，辣椒素含量0.79g/kg。中抗炭疽病，感病毒病。

植　株　　叶　片　　花

青熟果　　老熟果　　种　子

C207

种质名称：C207

来 源 地：三明市农业科学研究院（福建省沙县）

种质类型：遗传材料

特征特性：株型半直立，株高60.5cm，株幅73.3cm，分枝性中，主茎绿色、无茸毛。叶片长7.4cm，叶片宽4.2cm，叶柄长2.0cm，叶绿色、卵圆形。首花节位9节，花冠白色，花药紫色，花柱白色、短于雄蕊。商品果纵径8.2cm，商品果横径1.2cm，果肉厚0.12cm，果梗长2.9cm，青熟果浅绿色，老熟果橘红色，果线形，果面微皱、有光泽、无棱沟，心室数2个。单果重7.8g，单株果数44个。单果种子数28粒，种皮黄色，种子千粒重5.5g。二氢辣椒素含量0.26g/kg，辣椒素含量0.43g/kg。中抗炭疽病，中抗病毒病。

植　株　　叶　片　　花

青熟果　　老熟果　　种　子

C211

种质名称：C211

来 源 地：三明市农业科学研究院（福建省沙县）

种质类型：遗传材料

特征特性：株型半直立，株高47.5cm，株幅50.9cm，分枝性弱，主茎绿色、无茸毛。叶片长9.7cm，叶片宽4.2cm，叶柄长2.1cm，叶绿色、长卵圆形。首花节位9节，花冠白色，花药紫色，花柱白色、短于雄蕊。商品果纵径5.1cm，商品果横径2.2cm，果肉厚0.24cm，果梗长2.2cm，青熟果绿色，老熟果鲜红色，果短指形，果面光滑、有光泽、无棱沟，心室数3个。单果重9.5g，单株果数35个。单果种子数55粒，种皮棕色，种子千粒重6.5g。二氢辣椒素含量0.96g/kg，辣椒素含量1.19g/kg。抗炭疽病，中抗病毒病。

植　株　　　叶　片　　　花

青熟果　　　老熟果　　　种　子

C218

种质名称：C218

来 源 地：三明市农业科学研究院（福建省沙县）

种质类型：遗传材料

特征特性：株型半直立，株高48.5cm，株幅50.5cm，分枝性中，主茎绿色带紫条纹、无茸毛。叶片长7.9cm，叶片宽3.5cm，叶柄长2.8cm，叶深绿色、长卵圆形。首花节位9节，花冠白色，花药蓝色，花柱紫色、与雄蕊近等长。商品果纵径5.6cm，商品果横径2.2cm，果肉厚0.20cm，果梗长3.0cm，青熟果深绿色，老熟果鲜红色，果短指形，果面光滑、有光泽、棱沟浅，心室数3个。单果重13.6g，单株果数28个。单果种子数35粒，种皮黄色，种子千粒重5.5g。二氢辣椒素含量0.63g/kg，辣椒素含量0.72g/kg。中抗炭疽病，中抗病毒病。

植　株　　　　叶　片　　　　花

青熟果　　　　老熟果　　　　种　子

C235

种质名称：C235

来 源 地：三明市农业科学研究院（福建省沙县）

种质类型：遗传材料

特征特性：株型半直立，株高60.4cm，株幅65.6cm，分枝性中，主茎绿色、无茸毛。叶片长7.3cm，叶片宽4.2cm，叶柄长2.7cm，叶绿色、卵圆形。首花节位8节，花冠白色，花药蓝色，花柱白色、短于雄蕊。商品果纵径6.1cm，商品果横径3.0cm，果肉厚0.30cm，果梗长2.9cm，青熟果绿色，老熟果橙黄色，果长锥形，果面光滑、有光泽、棱沟浅，心室数2个。单果重15.8g，单株果数52个。单果种子数53粒，种皮黄色，种子千粒重5.0g。二氢辣椒素含量0.62g/kg，辣椒素含量1.14g/kg。中抗炭疽病，抗病毒病。

植　株　　叶　片　　花

青熟果

老熟果

种　子

C238

种质名称：C238

来 源 地：三明市农业科学研究院（福建省沙县）

种质类型：遗传材料

特征特性：株型半直立，株高58.3cm，株幅62.1cm，分枝性中，主茎绿色、无茸毛。叶片长7.9cm，叶片宽3.3cm，叶柄长2.3cm，叶深绿色、长卵圆形。首花节位9节，花冠白色，花药蓝色，花柱白色、短于雄蕊。商品果纵径6.1cm，商品果横径2.5cm，果肉厚0.35cm，果梗长2.6cm，青熟果绿色，老熟果暗红色，果短指形，果面光滑、有光泽、无棱沟，心室数2个。单果重16.6g，单株果数49个。单果种子数45粒，种皮棕色，种子千粒重6.6g。二氢辣椒素含量0.82g/kg，辣椒素含量0.96g/kg。抗炭疽病，抗病毒病。

植　株　　　叶　片　　　花

青熟果　　　老熟果　　　种　子

C245

种质名称：C245

来 源 地：三明市农业科学研究院（福建省沙县）

种质类型：遗传材料

特征特性：株型半直立，株高80.5cm，株幅68.7cm，分枝性中，主茎绿色、无茸毛。叶片长10.8cm，叶片宽4.8cm，叶柄长2.4cm，叶浅绿色、长卵圆形。首花节位15节，花冠白色，花药紫色，花柱白色、与雄蕊近等长。商品果纵径4.5cm，商品果横径1.3cm，果肉厚0.12cm，果梗长3.2cm，青熟果深绿色，老熟果鲜红色，果短指形，果面微皱、有光泽、棱沟中，心室数2个。单果重3.7g，单株果数53个。单果种子数19粒，种皮黄色，种子千粒重6.7g。二氢辣椒素含量1.00g/kg，辣椒素含量1.89g/kg。抗炭疽病，中抗病毒病。

植　株　　叶　片　　花

青熟果　　老熟果　　种　子

C246

种质名称：C246

来 源 地：三明市农业科学研究院（福建省沙县）

种质类型：遗传材料

特征特性：株型半直立，株高52.5cm，株幅53.7cm，分枝性强，主茎绿色、茸毛密。叶片长7.0cm，叶片宽2.3cm，叶柄长3.4cm，叶绿色、披针形。首花节位8节，花冠白色，花药蓝色，花柱白色、长于雄蕊。商品果纵径6.0cm，商品果横径1.8cm，果肉厚0.12cm，果梗长2.6cm，青熟果乳黄色，老熟果橘红色，果短指形，果面光滑、有光泽、棱沟深，心室数3个。单果重8.2g，单株果数40个。单果种子数19粒，种皮黄色，种子千粒重5.4g。二氢辣椒素含量0.48g/kg，辣椒素含量0.50g/kg。中抗炭疽病，感病毒病。

植　株　　　叶　片　　　花

青熟果　　　老熟果　　　种　子

C274

种质名称：C274

来 源 地：三明市农业科学研究院（福建省沙县）

种质类型：遗传材料

特征特性：株型半直立，株高67.9cm，株幅68.7cm，分枝性中，主茎绿色带紫条纹、无茸毛。叶片长6.4cm，叶片宽2.9cm，叶柄长2.4cm，叶绿色、长卵圆形。首花节位10节，花冠白色，花药浅蓝色，花柱白色、长于雄蕊。商品果纵径5.4cm，商品果横径1.8cm，果肉厚0.21cm，果梗长2.3cm，青熟果绿色，老熟果橘红色，果短指形，果面光滑、有光泽、无棱沟，心室数3个。单果重7.9g，单株果数36个。单果种子数33粒，种皮黄色，种子千粒重5.8g。二氢辣椒素含量1.11g/kg，辣椒素含量1.71g/kg。中抗炭疽病，中抗病毒病。

植　株　　　叶　片　　　花

青熟果　　　老熟果　　　种　子

C292

种质名称：C292

来 源 地：三明市农业科学研究院（福建省沙县）

种质类型：遗传材料

特征特性：株型半直立，株高60.8cm，株幅65.5cm，分枝性强，主茎绿色、茸毛密。叶片长8.6cm，叶片宽3.6cm，叶柄长4.2cm，叶绿色、长卵圆形。首花节位7节，花冠白色，花药蓝色，花柱蓝色、长于雄蕊。商品果纵径6.1cm，商品果横径2.0cm，果肉厚0.24cm，果梗长3.1cm，青熟果绿色，老熟果鲜红色，果短指形，果面光滑、有光泽、无棱沟，心室数2个。单果重14.5g，单株果数50个。单果种子数49粒，种皮黄色，种子千粒重5.6g。二氢辣椒素含量1.04g/kg，辣椒素含量1.18g/kg。中抗炭疽病，中抗病毒病。

植　株　　叶　片　　花

青熟果　　老熟果　　种　子

C299

种质名称：C299

来 源 地：三明市农业科学研究院（福建省沙县）

种质类型：遗传材料

特征特性：株型半直立，株高33.4cm，株幅59.4cm，分枝性中，主茎绿色、茸毛稀。叶片长8.4cm，叶片宽3.8cm，叶柄长2.5cm，叶浅绿色、长卵圆形。首花节位8节，花冠白色，花药蓝色，花柱白色、与雄蕊近等长。商品果纵径5.2cm，商品果横径2.2cm，果肉厚0.20cm，果梗长3.1cm，青熟果黄绿色，老熟果橘红色，果短指形，果面光滑、有光泽、无棱沟，心室数3个。单果重10.7g，单株果数47个。单果种子数67粒，种皮黄色，种子千粒重5.8g。二氢辣椒素含量1.31g/kg，辣椒素含量2.02g/kg。中抗炭疽病，中抗病毒病。

植　株　　叶　片　　花

青熟果　　老熟果　　种　子

C302

种质名称：C302

来 源 地：三明市农业科学研究院（福建省沙县）

种质类型：遗传材料

特征特性：株型半直立，株高59.6cm，株幅53.2cm，分枝性弱，主茎绿色、无茸毛。叶片长9.0cm，叶片宽3.9cm，叶柄长1.2cm，叶绿色、长卵圆形。首花节位8节，花冠白色，花药蓝色，花柱蓝色、与雄蕊近等长。商品果纵径6.7cm，商品果横径2.6cm，果肉厚0.25cm，果梗长2.9cm，青熟果深绿色，老熟果暗红色，果长灯笼形，果面微皱、有光泽、棱沟深，心室数3个。单果重12.2g，单株果数30个。单果种子数36粒，种皮黄色，种子千粒重5.5g。二氢辣椒素含量0.85g/kg，辣椒素含量1.20g/kg。中抗炭疽病，中抗病毒病。

植 株

叶 片

花

青熟果

老熟果

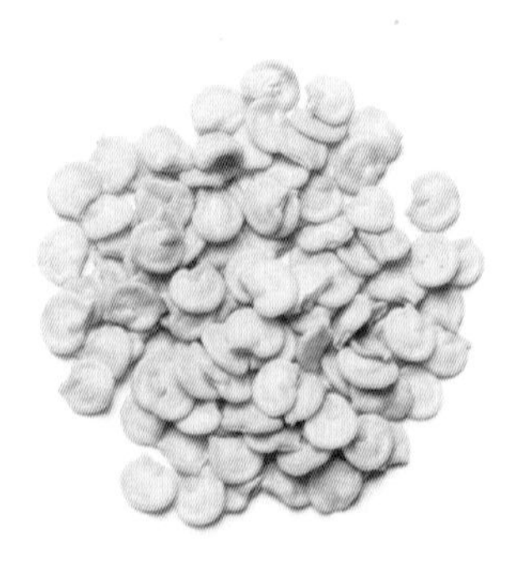
种 子

C308

种质名称：C308

来 源 地：三明市农业科学研究院（福建省沙县）

种质类型：遗传材料

特征特性：株型半直立，株高41.8cm，株幅63.4cm，分枝性中，主茎绿色、无茸毛。叶片长7.2cm，叶片宽3.2cm，叶柄长3.4cm，叶绿色、长卵圆形。首花节位9节，花冠白色，花药紫色，花柱紫色、与雄蕊近等长。商品果纵径6.6cm，商品果横径2.6cm，果肉厚0.22cm，果梗长3.5cm，青熟果浅绿色，老熟果橘红色，果短牛角形，果面微皱、有光泽、无棱沟，心室数2个。单果重10.8g，单株果数32个。单果种子数44粒，种皮黄色，种子千粒重5.6g。二氢辣椒素含量0.19g/kg，辣椒素含量0.30g/kg。中抗炭疽病，中抗病毒病。

植　株　　　叶　片　　　花

青熟果　　　老熟果　　　种　子

C310

种质名称：C310

来 源 地：三明市农业科学研究院（福建省沙县）

种质类型：遗传材料

特征特性：株型半直立，株高52.7cm，株幅58.4cm，分枝性中，主茎浅绿色、无茸毛。叶片长6.5cm，叶片宽4.1cm，叶柄长2.1cm，叶绿色、卵圆形。首花节位9节，花冠白色，花药蓝色，花柱紫色、长于雄蕊。商品果纵径5.3cm，商品果横径1.8cm，果肉厚0.24cm，果梗长2.3cm，青熟果深绿色，老熟果橘红色，果短形，果面光滑、有光泽、无棱沟，心室数3个。单果重5.4g，单株果数30个。单果种子数33粒，种皮黄色，种子千粒重6.7g。二氢辣椒素含量0.39g/kg，辣椒素含量0.57g/kg。中抗炭疽病，感病毒病。

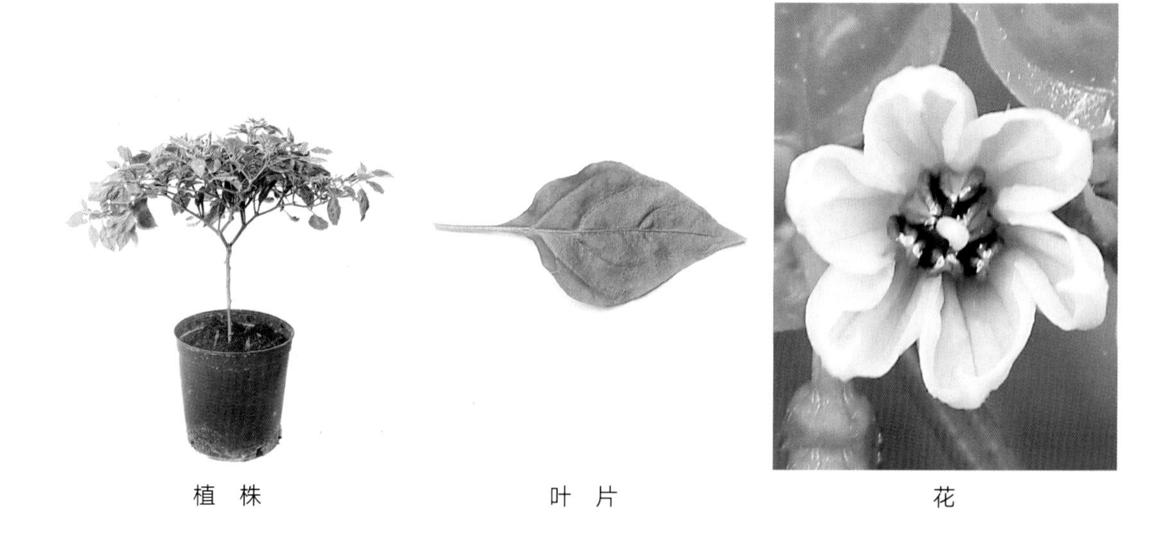

植　株　　叶　片　　花

青熟果　　老熟果　　种　子

C313

种质名称：C313

来 源 地：三明市农业科学研究院（福建省沙县）

种质类型：遗传材料

特征特性：株型开展，株高43.4cm，株幅45.6cm，分枝性中，主茎绿色、无茸毛。叶片长6.8cm，叶片宽3.3cm，叶柄长2.6cm，叶绿色、长卵圆形。首花节位8节，花冠白色，花药浅蓝色，花柱白色、短于雄蕊。商品果纵径7.2cm，商品果横径2.8cm，果肉厚0.25cm，果梗长2.8cm，青熟果浅绿色，老熟果橙黄色，果长灯笼形，果面光滑、有光泽、棱沟中，心室数3个。单果重16.8g，单株果数25个。单果种子数62粒，种皮黄色，种子千粒重5.5g。二氢辣椒素含量0.84g/kg，辣椒素含量0.75g/kg。中抗炭疽病，感病毒病。

植　株

叶　片

花

青熟果

老熟果

种　子

C317

种质名称：C317

来 源 地：三明市农业科学研究院（福建省沙县）

种质类型：遗传材料

特征特性：株型半直立，株高58.8cm，株幅71.1cm，分枝性中，主茎绿色带紫条纹、无茸毛。叶片长7.0cm，叶片宽2.8cm，叶柄长2.2cm，叶绿色、披针形。首花节位7节，花冠白色，花药紫色，花柱紫色、长于雄蕊。商品果纵径6.2cm，商品果横径2.2cm，果肉厚0.20cm，果梗长2.2cm，青熟果绿色，老熟果鲜红色，果短牛角形，果面光滑、有光泽、无棱沟，心室数2个。单果重8.2g，单株果数48个。单果种子数31粒，种皮黄色，种子千粒重4.7g。二氢辣椒素含量1.33g/kg，辣椒素含量1.78g/kg。中抗炭疽病，中抗病毒病。

植 株　　叶 片　　花

青熟果　　老熟果　　种 子

C319

种质名称：C319

来 源 地：三明市农业科学研究院（福建省沙县）

种质类型：遗传材料

特征特性：株型半直立，株高71.2cm，株幅75.8cm，分枝性中，主茎绿色、无茸毛。叶片长7.5cm，叶片宽3.2cm，叶柄长2.3cm，叶深绿色、长卵圆形。首花节位9节，花冠白色，花药蓝色，花柱紫色、与雄蕊近等长。商品果纵径5.1cm，商品果横径2.4cm，果肉厚0.20cm，果梗长2.0cm，青熟果绿色，老熟橘红色，果短指形，果面光滑、有光泽、无棱沟，心室数2个。单果重4.7g，单株果数70个。单果种子数39粒，种皮棕色，种子千粒重4.9g。二氢辣椒素含量0.71g/kg，辣椒素含量1.27g/kg。中抗炭疽病，中抗病毒病。

植　株　　叶　片　　花

青熟果　　老熟果　　种　子

C322

种质名称：C322

来 源 地：三明市农业科学研究院（福建省沙县）

种质类型：遗传材料

特征特性：株型半直立，株高71.4cm，株幅60.3cm，分枝性中，主茎绿色、无茸毛。叶片长6.3cm，叶片宽2.9cm，叶柄长2.2cm，叶绿色、长卵圆形。首花节位11节，花冠紫色，花药紫色，花柱紫色、短于雄蕊。商品果纵径5.1cm，商品果横径3.9cm，果肉厚0.28cm，果梗长3.8cm，青熟果紫色，老熟果暗红色，果长灯笼形，果面光滑、有光泽、棱沟浅，心室数3个。单果重16.5g，单株果数20个。单果种子数57粒，种皮黄色，种子千粒重5.2g。二氢辣椒素含量0.52g/kg，辣椒素含量0.63g/kg。中抗炭疽病，中抗病毒病。

植　株　　叶　片　　花

青熟果　　老熟果　　种　子

C327

种质名称：C327

来 源 地：三明市农业科学研究院（福建省沙县）

种质类型：遗传材料

特征特性：株型直立，株高73.3cm，株幅56.7cm，分枝性中，主茎绿色、无茸毛。叶片长6.3cm，叶片宽2.5cm，叶柄长2.0cm，叶绿色、长卵圆形。首花节位13节，花冠白色，花药黄色，花柱白色、长于雄蕊，单节叶腋着生花数1朵。商品果纵径4.5cm，商品果横径1.2cm，果肉厚0.09cm，果梗长1.6cm，青熟果绿色，老熟果橙黄色，果短羊角形，果面微皱、有光泽、无棱沟，心室数2个。单果重4.9g，单株果数45个。单果种子数37粒，种皮棕色，种子千粒重3.2g。二氢辣椒素含量0.82g/kg，辣椒素含量1.13g/kg。中抗炭疽病，中抗病毒病。

植 株　　叶 片　　花

青熟果　　老熟果　　种 子

C331

种质名称：C331

来 源 地：三明市农业科学研究院（福建省沙县）

种质类型：遗传材料

特征特性：株型直立，株高80.3cm，株幅54.5cm，分枝性中，主茎绿色、无茸毛。叶片长6.3cm，叶片宽2.2cm，叶柄长2.0cm，叶绿色、披针形。首花节位13节，花冠白色，花药紫色，花柱紫色、与雄蕊近等长，单节叶腋着生花数1朵。商品果纵径6.8cm，商品果横径0.9cm，果肉厚0.08cm，果梗长2.1cm，青熟果绿色，老熟果暗红色，果线形，果面微皱、有光泽、无棱沟，心室数2个。单果重3.1g，单株果数55个。单果种子数27粒，种皮黄色，种子千粒重4.9g。二氢辣椒素含量0.75g/kg，辣椒素含量0.92g/kg。中抗炭疽病，中抗病毒病。

植　株　　叶　片　　花

青熟果　　老熟果　　种　子

C356

种质名称：C356

来 源 地：三明市农业科学研究院（福建省沙县）

种质类型：遗传材料

特征特性：株型直立，株高63.6cm，株幅34.2cm，分枝性中，主茎绿色、无茸毛。叶片长7.6cm，叶片宽3.5cm，叶柄长2.3cm，叶绿色、披针形。首花节位9节，花冠紫色，花药紫色，花柱紫色、与雄蕊近等长，单节叶腋着生花数1朵。商品果纵径2.3cm，商品果横径1.8cm，果肉厚0.12cm，果梗长2.0cm，青熟果乳黄色，老熟果橘红色，果短锥形，果面微皱、无光泽、无棱沟，心室数2个。单果重2.2g，单株果数35个。单果种子数34粒，种皮棕色，种子千粒重5.3g。二氢辣椒素含量0.28g/kg，辣椒素含量0.59g/kg。中抗炭疽病，中抗病毒病。

植　株　　叶　片　　花

青熟果　　老熟果　　种　子

C361

种质名称：C361

来 源 地：三明市农业科学研究院（福建省沙县）

种质类型：遗传材料

特征特性：株型直立，株高43.7cm，株幅34.3cm，分枝性中，主茎绿色、无茸毛。叶片长5.3cm，叶片宽2.2cm，叶柄长1.4cm，叶绿色、披针形。首花节位15节，花冠白色，花药蓝色，花柱白色、短于雄蕊，单节叶腋着生花数1朵。商品果纵径7.2cm，商品果横径0.6cm，果肉厚0.07cm，果梗长2.6cm，青熟果深绿色，老熟果橙黄色，果线形，果面光滑、有光泽、无棱沟，心室数2个。单果重3.2g，单株果数18个。单果种子数23粒，种皮棕色，种子千粒重4.1g。二氢辣椒素含量0.38g/kg，辣椒素含量0.72g/kg。中抗炭疽病，中抗病毒病。

植 株　　叶 片　　花

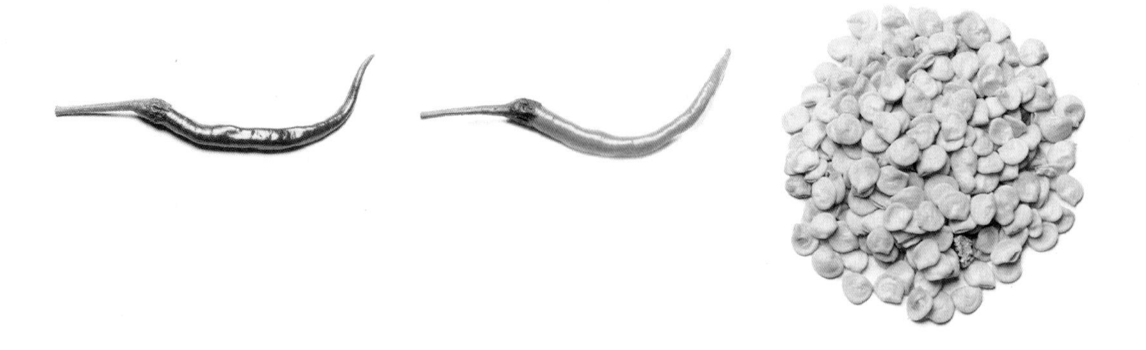

青熟果　　老熟果　　种 子

MC-12

种质名称：MC-12

来 源 地：三明市农业科学研究院（福建省沙县）

种质类型：遗传材料

特征特性：株型半直立，株高57.5cm，株幅51.2cm，分枝性弱，主茎浅绿色、无茸毛。叶片长6.0cm，叶片宽4.1cm，叶柄长1.6cm，叶绿色、卵圆形。首花节位7节，花冠白色，花药蓝色，花柱白色、短于雄蕊。商品果纵径2.1cm，商品果横径2.3cm，果肉厚0.26cm，果梗长2.1cm，青熟果深绿色，老熟果暗红色，果圆球形，果面光滑、有光泽、无棱沟，心室数2个。单果重5.6g，单株果数36个。单果种子数39粒，种皮黄色，种子千粒重4.7g。二氢辣椒素含量0.07g/kg，辣椒素含量0.06g/kg。感炭疽病，中抗病毒病。

植　株　　叶　片

花

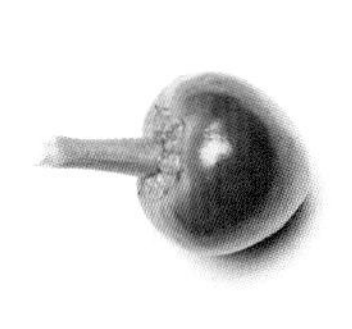

青熟果

老熟果

种　子

MC-15

种质名称：MC-15

来 源 地：三明市农业科学研究院（福建省沙县）

种质类型：遗传材料

特征特性：株型半直立，株高59.4cm，株幅65.7cm，分枝性中，主茎绿色、无茸毛。叶片长8.3cm，叶片宽3.6cm，叶柄长2.1cm，叶绿色、长卵圆形。首花节位9节，花冠白色，花药蓝色，花柱白色、短于雄蕊。商品果纵径2.2cm，商品果横径2.8cm，果肉厚0.38cm，果梗长2.2cm，青熟果深绿色，老熟果橘红色，果圆球形，果面光滑、有光泽、无棱沟，心室数3个。单果重11.0g，单株果数22个。单果种子数37粒，种皮黄色，种子千粒重6.5g。二氢辣椒素含量0.21g/kg，辣椒素含量0.19g/kg。抗炭疽病，抗病毒病。

植　株　　叶　片　　花

青熟果　　老熟果　　种　子

MC-22

种质名称：MC-22

来 源 地：三明市农业科学研究院（福建省沙县）

种质类型：遗传材料

特征特性：株型半直立，株高78.4cm，株幅76.3cm，分枝性中，主茎绿色、无茸毛。叶片长7.6cm，叶片宽3.9cm，叶柄长1.8cm，叶绿色、长卵圆形。首花节位9节，花冠白色，花药浅蓝色，花柱白色、与雄蕊近等长。商品果纵径2.5cm，商品果横径3.1cm，果肉厚0.26cm，果梗长2.3cm，青熟果绿色，老熟果鲜红色，果圆球形，果面光滑、有光泽、无棱沟，心室数3个。单果重11.6g，单株果数35个。单果种子数52粒，种皮黄色，种子千粒重6.1g。二氢辣椒素含量0.31g/kg，辣椒素含量0.40g/kg。感炭疽病，中抗病毒病。

植　株　　叶　片　　花

青熟果

老熟果

种　子

MC-28

种质名称：MC-28

来 源 地：三明市农业科学研究院（福建省沙县）

种质类型：遗传材料

特征特性：株型直立，株高75.4cm，株幅62.1cm，分枝性中，主茎浅绿色、无茸毛。叶片长10.5cm，叶片宽4.1cm，叶柄长3.6cm，叶绿色、长卵圆形。首花节位9节，花冠白色，花药蓝色，花柱白色、与雄蕊近等长。商品果纵径3.1cm，商品果横径3.4cm，果肉厚0.32cm，果梗长2.7cm，青熟果绿色，老熟果鲜红色，果圆球形，果面光滑、有光泽、棱沟浅，心室数3个。单果重17.2g，单株果数25个。单果种子数37粒，种皮黄色，种子千粒重4.7g。二氢辣椒素含量0.21g/kg，辣椒素含量0.39g/kg。中抗炭疽病，中抗病毒病。

植 株

叶 片

花

青熟果

老熟果

种 子

MC-32

种质名称：MC-32

来 源 地：三明市农业科学研究院（福建省沙县）

种质类型：遗传材料

特征特性：株型开展，株高60.5cm，株幅85.6cm，分枝性弱，主茎绿色、无茸毛。叶片长10.1cm，叶片宽5.3cm，叶柄长2.4cm，叶浅绿色、长卵圆形。首花节位9节，花冠白色，花药紫色，花柱白色、短于雄蕊。商品果纵径3.4cm，商品果横径3.6cm，果肉厚0.25cm，果梗长2.5cm，青熟果绿色，老熟果橘红色，果方灯笼形，果面光滑、有光泽、棱沟浅，心室数3个。单果重26.0g，单株果数30个。单果种子数33粒，种皮棕色，种子千粒重7.6g。二氢辣椒素含量0.32g/kg，辣椒素含量0.74g/kg。中抗炭疽病，中抗病毒病。

植　株　　叶　片　　花

青熟果　　老熟果　　种　子

MC-38

种质名称：MC-38

来 源 地：三明市农业科学研究院（福建省沙县）

种质类型：遗传材料

特征特性：株型直立，株高56.7cm，株幅60.3cm，分枝性中，主茎浅绿色、无茸毛。叶片长7.0cm，叶片宽3.8cm，叶柄长2.4cm，叶绿色、卵圆形。首花节位7节，花冠白色，花药紫色，花柱紫色、与雄蕊近等长。商品果纵径1.8cm，商品果横径2.7cm，果肉厚0.22cm，果梗长2.5cm，青熟果绿色，老熟果红色，果圆球形，果面光滑、有光泽、棱沟浅，心室数2个。单果重6.5g，单株果数38个。单果种子数23粒，种皮黄色，种子千粒重4.8g。二氢辣椒素含量0.30g/kg，辣椒素含量0.36g/kg。感炭疽病，感病毒病。

植　株　　叶　片　　花

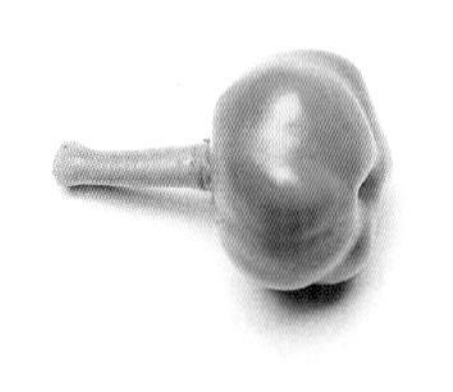

青熟果

老熟果

种　子

MC-42

种质名称：MC-42

来 源 地：三明市农业科学研究院（福建省沙县）

种质类型：遗传材料

特征特性：株型半直立，株高59.1cm，株幅60.8cm，分枝性强，主茎绿色、无茸毛。叶片长7.0cm，叶片宽3.7cm，叶柄长1.5cm，叶浅绿色、卵圆形。首花节位8节，花冠白色，花药浅蓝色，花柱白色、短于雄蕊。商品果纵径2.7cm，商品果横径3.0cm，果肉厚0.20cm，果梗长2.6cm，青熟果浅绿色，老熟果暗红色，果圆球形，果面微皱、有光泽、棱沟浅，心室数4个。单果重9.8g，单株果数20个。单果种子数41粒，种皮黄色，种子千粒重4.8g。二氢辣椒素含量0.39g/kg，辣椒素含量0.34g/kg。中抗炭疽病，中抗病毒病。

植　株　　叶　片

花

青熟果

老熟果

种　子

MC-47

种质名称：MC-47

来 源 地：三明市农业科学研究院（福建省沙县）

种质类型：遗传材料

特征特性：株型半直立，株高59.4cm，株幅72.1cm，分枝性中，主茎绿色、无茸毛。叶片长8.3cm，叶片宽3.4cm，叶柄长1.5cm，叶绿色、长卵圆形。首花节位7节，花冠白色，花药蓝色，花柱白色、短于雄蕊。商品果纵径2.7cm，商品果横径3.5cm，果肉厚0.25cm，果梗长3.1cm，青熟果绿色，老熟果橘红色，果圆球形，果面光滑、有光泽、棱沟浅，心室数3个。单果重11.7g，单株果数33个。单果种子数53粒，种皮黄色，种子千粒重4.9g。二氢辣椒素含量0.39g/kg，辣椒素含量0.90g/kg。抗炭疽病，抗病毒病。

植　株　　　　叶　片　　　　花

青熟果

老熟果

种　子

MC-51

种质名称：MC-51

来 源 地：三明市农业科学研究院（福建省沙县）

种质类型：遗传材料

特征特性：株型半直立，株高79.3cm，株幅72.8cm，分枝性中，主茎绿色、无茸毛。叶片长8.2cm，叶片宽4.3cm，叶柄长2.3cm，叶绿色、卵圆形。首花节位11节，花冠白色，花药蓝色，花柱白色、短于雄蕊。商品果纵径4.1cm，商品果横径2.3cm，果肉厚0.22cm，果梗长3.1cm，青熟果深绿色，老熟果鲜红色，果短锥形，果面光滑、有光泽、棱沟浅，心室数3个。单果重9.4g，单株果数46个。单果种子数55粒，种皮黄色，种子千粒重4.6g。二氢辣椒素含量0.49g/kg，辣椒素含量0.65g/kg。中抗炭疽病，中抗病毒病。

植　株　　　　叶　片　　　　花

青熟果　　　　老熟果　　　　种　子

MC-55

种质名称：MC-55

来 源 地：三明市农业科学研究院（福建省沙县）

种质类型：遗传材料

特征特性：株型半直立，株高57.3cm，株幅45.2cm，分枝性弱，主茎绿色、无茸毛。叶片长6.8cm，叶片宽3.6cm，叶柄长1.7cm，叶深绿色、卵圆形。首花节位9节，花冠白色，花药紫色，花柱白色、短于雄蕊。商品果纵径3.9cm，商品果横径2.4cm，果肉厚0.18cm，果梗长2.7cm，青熟果浅绿色，老熟果暗红色，果短锥形，果面光滑、有光泽、无棱沟，心室数2个。单果重8.3g，单株果数22个。单果种子数67粒，种皮黄色，种子千粒重7.7g。二氢辣椒素含量1.02g/kg，辣椒素含量1.31g/kg。中抗炭疽病，抗病毒病。

植 株

叶 片

花

青熟果

老熟果

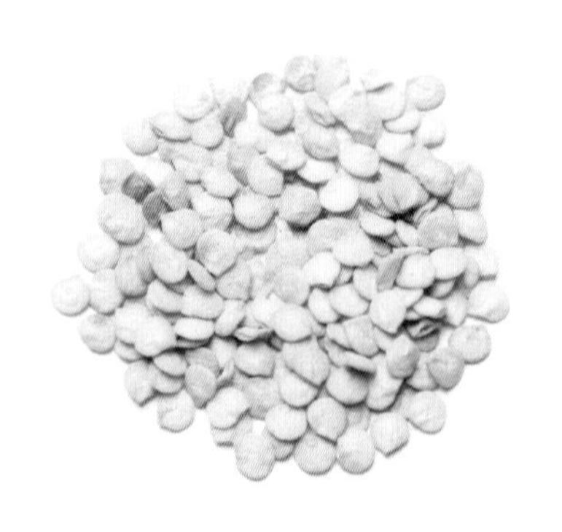
种 子

MC-60

种质名称：MC-60

来 源 地：三明市农业科学研究院（福建省沙县）

种质类型：遗传材料

特征特性：株型直立，株高64.3cm，株幅42.4cm，分枝性弱，主茎绿色带紫条纹、无茸毛。叶片长8.7cm，叶片宽4.6cm，叶柄长3.2cm，叶绿色、长卵圆形。首花节位10节，花冠白色，花药蓝色，花柱紫色、短于雄蕊。商品果纵径4.2cm，商品果横径3.6cm，果肉厚0.15cm，果梗长5.5cm，青熟果浅绿色，老熟果鲜红色，果短锥形，果面皱、有光泽、棱沟中，心室数3个。单果重5.1g，单株果数36个。单果种子数26粒，种皮黄色，种子千粒重5.8g。二氢辣椒素含量0.22g/kg，辣椒素含量0.37g/kg。中抗炭疽病，中抗病毒病。

植　株　　叶　片　　花

青熟果　　老熟果　　种　子

MC-61

种质名称：MC-61

来 源 地：三明市农业科学研究院（福建省沙县）

种质类型：遗传材料

特征特性：株型半直立，株高50.3cm，株幅50.9cm，分枝性强，主茎绿色、无茸毛。叶片长6.9cm，叶片宽3.4cm，叶柄长1.9cm，叶绿色、长卵圆形。首花节位8节，花冠白色，花药蓝色，花柱白色、与雄蕊近等长。商品果纵径4.8cm，商品果横径2.7cm，果肉厚0.28cm，果梗长2.3cm，青熟果黄绿色，老熟果橘红色，果短锥形，果面微皱、有光泽、棱沟浅，心室数3个。单果重9.5g，单株果数28个。单果种子数35粒，种皮黄色，种子千粒重7.2g。二氢辣椒素含量0.28g/kg，辣椒素含量0.62g/kg。中抗炭疽病，中抗病毒病。

植 株　　叶 片　　花

青熟果　　老熟果　　种 子

MC-65

种质名称：MC-65

来 源 地：三明市农业科学研究院（福建省沙县）

种质类型：遗传材料

特征特性：株型半直立，株高57.3cm，株幅56.7cm，分枝性中，主茎绿色、无茸毛。叶片长7.3cm，叶片宽3.2cm，叶柄长2.2cm，叶绿色、长卵圆形。首花节位11节，花冠白色，花药紫色，花柱紫色、短于雄蕊，单节叶腋着生花数1朵。商品果纵径3.1cm，商品果横径2.2cm，果肉厚0.10cm，果梗长3.6cm，青熟果黄绿色，老熟果橘红色，果短锥形，果面微皱、有光泽、棱沟浅，心室数2个。单果重4.9g，单株果数45个。单果种子数37粒，种皮黄色，种子千粒重4.3g。二氢辣椒素含量0.32g/kg，辣椒素含量0.63g/kg。中抗炭疽病，中抗病毒病。

植　株　　叶　片　　花

青熟果　　老熟果　　种　子

MC-66

种质名称：MC-66

来 源 地：三明市农业科学研究院（福建省沙县）

种质类型：遗传材料

特征特性：株型半直立，株高54.5cm，株幅44.8cm，分枝性弱，主茎绿色、无茸毛。叶片长6.8cm，叶片宽3.2cm，叶柄长3.3cm，叶绿色、长卵圆形。首花节位9节，花冠白色，花药浅蓝色，花柱白色、短于雄蕊。商品果纵径3.4cm，商品果横径2.1cm，果肉厚0.22cm，果梗长2.5cm，青熟果浅绿色，老熟果鲜红色，果短锥形，果面光滑、有光泽、无棱沟，心室数2个。单果重5.3g，单株果数20个。单果种子数47粒，种皮黄色，种子千粒重7.1g。二氢辣椒素含量0.38g/kg，辣椒素含量0.75g/kg。中抗炭疽病，中抗病毒病。

植　株　　叶　片　　花

青熟果　　老熟果　　种　子

MC-69

种质名称：MC-69

来 源 地：三明市农业科学研究院（福建省沙县）

种质类型：遗传材料

特征特性：株型半直立，株高58.3cm，株幅61.5cm，分枝性中，主茎绿色、无茸毛。叶片长8.0cm，叶片宽4.3cm，叶柄长3.4cm，叶绿色、长卵圆形。首花节位9节，花冠白色，花药紫色，花柱紫色、长于雄蕊。商品果纵径3.5cm，商品果横径2.7cm，果肉厚0.38cm，果梗长2.3cm，青熟果绿色，老熟果鲜红色，果短指形，果面光滑、有光泽、无棱沟，心室数2个。单果重10.7g，单株果数21个。单果种子数42粒，种皮黄色，种子千粒重5.1g。二氢辣椒素含量0.61g/kg，辣椒素含量0.99g/kg。中抗炭疽病，中抗病毒病。

植　株　　叶　片　　花

青熟果　　老熟果　　种　子

MC-72

种质名称：MC-72

来 源 地：三明市农业科学研究院（福建省沙县）

种质类型：遗传材料

特征特性：株型半直立，株高38.5cm，株幅41.3cm，分枝性弱，主茎深绿色、无茸毛。叶片长6.3cm，叶片宽3.1cm，叶柄长2.1cm，叶深绿色、长卵圆形。首花节位7节，花冠白色，花药浅蓝色，花柱白色、短于雄蕊。商品果纵径2.1cm，商品果横径2.9cm，果肉厚0.25cm，果梗长1.8cm，青熟果浅绿色，老熟果鲜红色，果圆球形，果面光滑、有光泽、无棱沟，心室数4个。单果重7.3g，单株果数20个。单果种子数23粒，种皮黄色，种子千粒重5.2g。二氢辣椒素含量0.68g/kg，辣椒素含量0.62g/kg。中抗炭疽病，中抗病毒病。

植 株　　叶 片　　花

青熟果　　老熟果　　种 子

MC-75

种质名称： MC-75

来 源 地： 三明市农业科学研究院（福建省沙县）

种质类型： 遗传材料

特征特性： 株型半直立，株高55.3cm，株幅50.4cm，分枝性中，主茎绿色带紫条纹、无茸毛。叶片长10.8cm，叶片宽4.8cm，叶柄长3.9cm，叶深绿色、长卵圆形。首花节位7节，花冠白色，花药紫色，花柱白色、与雄蕊近等长。商品果纵径3.5cm，商品果横径3.4cm，果肉厚0.31cm，果梗长2.1cm，青熟果深绿色，老熟果橘红色，果短锥形，果面光滑、有光泽、无棱沟，心室数3个。单果重17.2g，单株果数27个。单果种子数66粒，种皮黄色，种子千粒重5.2g。二氢辣椒素含量0.82g/kg，辣椒素含量0.96g/kg。中抗炭疽病，抗病毒病。

植　株　　叶　片　　花

青熟果　　老熟果　　种　子

MC-78

种质名称：MC-78

来 源 地：三明市农业科学研究院（福建省沙县）

种质类型：遗传材料

特征特性：株型直立，株高72.1cm，株幅70.2cm，分枝性强，主茎绿色、无茸毛。叶片长9.2cm，叶片宽4.2cm，叶柄长3.2cm，叶绿色、长卵圆形。首花节位7节，花冠白色，花药紫色，花柱白色、长于雄蕊。商品果纵径4.1cm，商品果横径3.5cm，果肉厚0.32cm，果梗长2.7cm，青熟果绿色，老熟果鲜红色，果短锥形，果面光滑、有光泽、无棱沟，心室数2个。单果重12.6g，单株果数34个。单果种子数64粒，种皮黄色，种子千粒重8.1g。二氢辣椒素含量0.21g/kg，辣椒素含量0.34g/kg。中抗炭疽病，中抗病毒病。

植 株　　叶 片　　花

青熟果

老熟果

种 子

MC-83

种质名称： MC-83

来 源 地： 三明市农业科学研究院（福建省沙县）

种质类型： 遗传材料

特征特性： 株型直立，株高72.4cm，株幅42.3cm，分枝性弱，主茎绿色、无茸毛。叶片长6.7cm，叶片宽4.0cm，叶柄长2.2cm，叶绿色、卵圆形。首花节位11节，花冠白色，花药浅蓝色，花柱白色、长于雄蕊。商品果纵径3.4cm，商品果横径2.7cm，果肉厚0.25cm，果梗长2.2cm，青熟果深绿色，老熟果橘红色，果短锥形，果面光滑、有光泽、无棱沟，心室数2个。单果重10.0g，单株果数25个。单果种子数72粒，种皮黄色，种子千粒重6.1g。二氢辣椒素含量0.19g/kg，辣椒素含量0.29g/kg。抗炭疽病，抗病毒病。

植　株　　叶　片　　花

青熟果

老熟果

种　子

MC-90

种质名称：MC-90

来 源 地：三明市农业科学研究院（福建省沙县）

种质类型：遗传材料

特征特性：株型直立，株高63.4cm，株幅40.2cm，分枝性中，主茎绿色、无茸毛。叶片长8.0cm，叶片宽4.4cm，叶柄长1.9cm，叶绿色、卵圆形。首花节位7节，花冠白色，花药浅蓝色，花柱白色、短于雄蕊。商品果纵径4.8cm，商品果横径3.5cm，果肉厚0.35cm，果梗长3.4cm，青熟果绿色，老熟果橙黄色，果短锥形，果面光滑、有光泽、无棱沟，心室数3个。单果重17.8g，单株果数27个。单果种子数56粒，种皮黄色，种子千粒重5.7g。二氢辣椒素含量0.72g/kg，辣椒素含量1.30g/kg。抗炭疽病，抗病毒病。

植　株　　叶　片　　花

青熟果　　老熟果　　种　子

MC-93

种质名称：MC-93

来 源 地：三明市农业科学研究院（福建省沙县）

种质类型：遗传材料

特征特性：株型半直立，株高57.8cm，株幅58.7cm，分枝性弱，主茎绿色、无茸毛。叶片长8.5cm，叶片宽4.4cm，叶柄长3.4cm，叶绿色、卵圆形。首花节位11节，花冠白色，花药蓝色，花柱白色、与雄蕊近等长。商品果纵径3.4cm，商品果横径3.2cm，果肉厚0.30cm，果梗长2.2cm，青熟果绿色，老熟果橘红色，果短锥形，果面光滑、有光泽、无棱沟，心室数2个。单果重14.6g，单株果数27个。单果种子数69粒，种皮黄色，种子千粒重5.6g。二氢辣椒素含量0.28g/kg，辣椒素含量0.36g/kg。中抗炭疽病，中抗病毒病。

植　株　　叶　片　　花

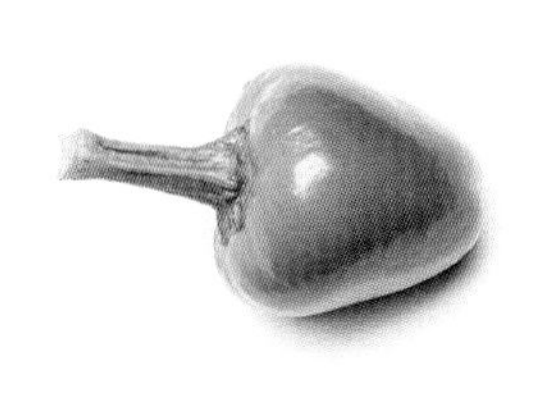

青熟果

老熟果

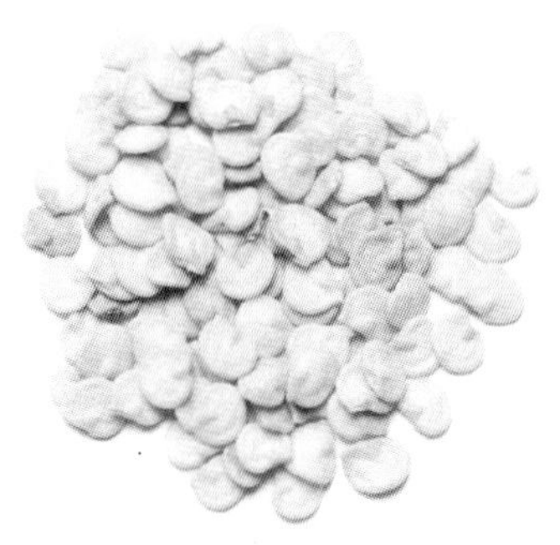

种　子

MC-97

种质名称：MC-97

来 源 地：三明市农业科学研究院（福建省沙县）

种质类型：遗传材料

特征特性：株型半直立，株高73.7cm，株幅78.3cm，分枝性中，主茎浅绿色、无茸毛。叶片长7.4cm，叶片宽3.8cm，叶柄长1.6cm，叶绿色、卵圆形。首花节位11节，花冠白色，花药浅蓝色，花柱白色、短于雄蕊。商品果纵径3.8cm，商品果横径3.5cm，果肉厚0.25cm，果梗长2.8cm，青熟果墨绿色，老熟果鲜红色，果圆球形，果面光滑、有光泽、无棱沟，心室数2个。单果重10.6g，单株果数32个。单果种子数57粒，种皮黄色，种子千粒重6.7g。二氢辣椒素含量0.41g/kg，辣椒素含量0.64g/kg。中抗炭疽病，感病毒病。

植　株

叶　片

花

青熟果

老熟果

种　子

MC-102

种质名称：MC-102

来 源 地：三明市农业科学研究院（福建省沙县）

种质类型：遗传材料

特征特性：株型开展，株高35.8cm，株幅54.9cm，分枝性弱，主茎绿色、无茸毛。叶片长10.0cm，叶片宽3.7cm，叶柄长2.7cm，叶绿色、长卵圆形。首花节位7节，花冠白色，花药浅蓝色，花柱白色、短于雄蕊。商品果纵径3.2cm，商品果横径2.5cm，果肉厚0.22cm，果梗长3.3cm，青熟果绿色，老熟果鲜红色，果扁灯笼形，果面光滑、有光泽、棱沟中，心室数2个。单果重6.6g，单株果数21个。单果种子数48粒，种皮黄色，种子千粒重7.1g。二氢辣椒素含量0.17g/kg，辣椒素含量0.19g/kg。中抗炭疽病，中抗病毒病。

植　株　　叶　片　　花

青熟果　　老熟果　　种　子

MC-110

种质名称：MC-110

来 源 地：三明市农业科学研究院（福建省沙县）

种质类型：遗传材料

特征特性：株型开展，株高45.6cm，株幅64.4cm，分枝性中，主茎绿色、无茸毛。叶片长10.7cm，叶片宽5.6cm，叶柄长3.2cm，叶绿色、卵圆形。首花节位8节，花冠白色，花药紫色，花柱紫色、短于雄蕊。商品果纵径4.4cm，商品果横径4.3cm，果肉厚0.25cm，果梗长3.7cm，青熟果深绿色，老熟果鲜红色，果短锥形，果面光滑、有光泽、棱沟中，心室数4个。单果重15.0g，单株果数42个。单果种子数46粒，种皮黄色，种子千粒重7.1g。二氢辣椒素含量0.23g/kg，辣椒素含量0.56g/kg。中抗炭疽病，中抗病毒病。

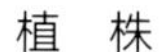

植 株

叶 片

花

青熟果

老熟果

种 子

MC-113

种质名称：MC-113

来 源 地：三明市农业科学研究院（福建省沙县）

种质类型：遗传材料

特征特性：株型半直立，株高54.5cm，株幅69.2cm，分枝性中，主茎绿色、无茸毛。叶片长8.2cm，叶片宽4.2cm，叶柄长2.3cm，叶绿色、长卵圆形。首花节位9节，花冠白色，花药浅蓝色，花柱白色、短于雄蕊。商品果纵径3.3cm，商品果横径2.9cm，果肉厚0.22cm，果梗长3.6cm，青熟果绿色，老熟果暗红色，果圆球形，果面微皱、有光泽、有棱沟，心室数4个。单果重7.6g，单株果数36个。单果种子数43粒，种皮黄色，种子千粒重5.1g。二氢辣椒素含量0.49g/kg，辣椒素含量0.40g/kg。中抗炭疽病，中抗病毒病。

植　株

叶　片

花

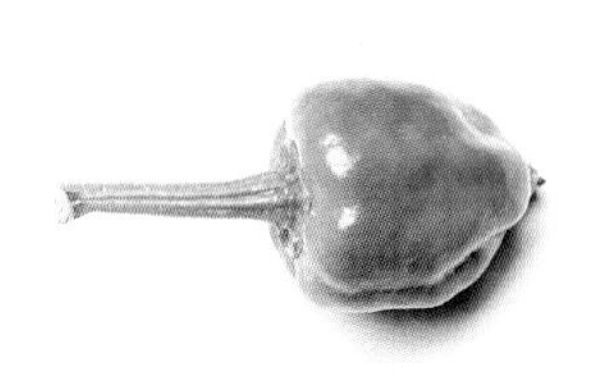
青熟果

老熟果

种　子

CS-1

种质名称：CS-1

来 源 地：三明市农业科学研究院（福建省沙县）

种质类型：遗传材料

特征特性：株型直立，株高74.3cm，株幅35.5cm，分枝性中，主茎绿色、无茸毛。叶片长9.5cm，叶片宽3.7cm，叶柄长4.2cm，叶绿色、披针形。首花节位9节，花冠白色，花药蓝色，花柱白色、长于雄蕊，单节叶腋着生花数3~4朵。商品果纵径4.8cm，商品果横径2.3cm，果肉厚0.15cm，果梗长2.2cm，青熟果浅绿色，老熟果橘红色，果短指形，果面微皱、有光泽、棱沟浅，心室数3个。单果重4.7g，单株果数41个。单果种子数31粒，种皮黄色，种子千粒重4.9g。二氢辣椒素含量0.52g/kg，辣椒素含量0.83g/kg。中抗炭疽病，抗病毒病。

植 株

叶 片

花

青熟果

老熟果

种 子

CS-2

种质名称：CS-2

来 源 地：三明市农业科学研究院（福建省沙县）

种质类型：遗传材料

特征特性：株型直立，株高58.3cm，株幅40.5cm，分枝性中，主茎绿色、无茸毛。叶片长6.3cm，叶片宽2.8cm，叶柄长3.5cm，叶绿色、披针形。首花节位13节，花冠白色，花药蓝色，花柱白色、长于雄蕊，单节叶腋着生花数2~3朵。商品果纵径4.9cm，商品果横径1.8cm，果肉厚0.14cm，果梗长2.6cm，青熟果绿色，老熟果橘红色，果短指形，果面微皱、有光泽、棱沟浅，心室数2个。单果重4.9g，单株果数43个。单果种子数36粒，种皮黄色，种子千粒重5.3g。二氢辣椒素含量0.82g/kg，辣椒素含量1.23g/kg。中抗炭疽病，中抗病毒病。

植　株　　叶　片　　花

青熟果　　老熟果　　种　子

CS-3

种质名称：CS-3

来 源 地：三明市农业科学研究院（福建省沙县）

种质类型：遗传材料

特征特性：株型半直立，株高50.2cm，株幅35.5cm，分枝性中，主茎绿色、无茸毛。叶片长5.3cm，叶片宽2.6cm，叶柄长2.8cm，叶绿色、长卵圆形。首花节位12节，花冠白色，花药蓝色，花柱白色、长于雄蕊，单节叶腋着生花数2朵。商品果纵径3.2cm，商品果横径1.4cm，果肉厚0.12cm，果梗长2.1cm，青熟果乳黄色，老熟果橘红色，果短锥形，果面微皱、有光泽、棱沟浅，心室数2个。单果重2.9g，单株果数25个。单果种子数32粒，种皮棕色，种子千粒重4.5g。二氢辣椒素含量0.52g/kg，辣椒素含量0.83g/kg。中抗炭疽病，中抗病毒病。

植　株　　　叶　片　　　花

青熟果

老熟果

种　子

CS-4

种质名称：CS-4

来 源 地：三明市农业科学研究院（福建省沙县）

种质类型：遗传材料

特征特性：株型直立，株高50.2cm，株幅32.5cm，分枝性中，主茎绿色、无茸毛。叶片长7.3cm，叶片宽4.2cm，叶柄长2.2cm，叶绿色、卵圆形。首花节位13节，花冠白色，花药浅蓝色，花柱白色、长于雄蕊，单节叶腋着生花数2~3朵。商品果纵径4.9cm，商品果横径1.4cm，果肉厚0.10cm，果梗长2.7cm，青熟果绿色，老熟果鲜红色，果长指形，果面光滑、有光泽、无棱沟，心室数2个。单果重3.9g，单株果数24个。单果种子数34粒，种皮黄色，种子千粒重2.8g。二氢辣椒素含量0.92g/kg，辣椒素含量1.23g/kg。中抗炭疽病，中抗病毒病。

植　株　　叶　片　　花

青熟果　　老熟果　　种　子

CS-5

种质名称：CS-5

来 源 地：三明市农业科学研究院（福建省沙县）

种质类型：遗传材料

特征特性：株型直立，株高57.3cm，株幅30.5cm，分枝性中，主茎绿色、无茸毛。叶片长6.3cm，叶片宽3.2cm，叶柄长2.2cm，叶绿色、卵圆形。首花节位13节，花冠白色，花药黄色，花柱白色、短于雄蕊，单节叶腋着生花数2~3朵。商品果纵径6.1cm，商品果横径1.8cm，果肉厚0.10cm，果梗长2.8cm，青熟果浅绿色，老熟果橘红色，果短羊角形，果面微皱、有光泽、无棱沟，心室数2个。单果重5.9g，单株果数25个。单果种子数27粒，种皮棕色，种子千粒重4.6g。二氢辣椒素含量0.34g/kg，辣椒素含量0.73g/kg。中抗炭疽病，中抗病毒病。

植　株　　叶　片　　花

青熟果　　老熟果　　种　子

CS-6

种质名称：CS-6

来 源 地：三明市农业科学研究院（福建省沙县）

种质类型：遗传材料

特征特性：株型直立，株高48.2cm，株幅31.6cm，分枝性强，主茎绿色、无茸毛。叶片长7.8cm，叶片宽2.8cm，叶柄长2.9cm，叶绿色、披针形。首花节位15节，花冠白色，花药紫色，花柱白色、长于雄蕊，单节叶腋着生花数2~3朵。商品果纵径5.3cm，商品果横径1.0cm，果肉厚0.10cm，果梗长1.2cm，青熟果浅绿色，老熟果鲜红色，果短羊角形，果面微皱、有光泽、无棱沟，心室数2个。单果重2.5g，单株果数26个。单果种子数32粒，种皮棕色，种子千粒重4.3g。二氢辣椒素含量1.12g/kg，辣椒素含量1.43g/kg。抗炭疽病，中抗病毒病。

植　株　　叶　片　　花

青熟果　　老熟果　　种　子

CS-7

种质名称：CS-7

来 源 地：三明市农业科学研究院（福建省沙县）

种质类型：遗传材料

特征特性：株型直立，株高59.4cm，株幅43.5cm，分枝性中，主茎绿色带紫条纹、茸毛稀。叶片长7.5cm，叶片宽4.1cm，叶柄长3.2cm，叶浅绿色、长卵圆形。首花节位7节，花冠白色，花药浅蓝，花柱白色、长于雄蕊，单节叶腋着生花数3~5朵。商品果纵径9.8cm，商品果横径1.0cm，果肉厚0.08cm，果梗长3.8cm，青熟果绿色，老熟果鲜红色，果长羊角形，果面微皱、有光泽、无棱沟，心室数2个。单果重5.8g，单株果数55个。单果种子数36粒，种皮黄色，种子千粒重4.8g。二氢辣椒素含量1.02g/kg，辣椒素含量1.78g/kg。中抗炭疽病，感病毒病。

植　株　　　叶　片　　　花

青熟果　　　老熟果　　　种　子

CS-8

种质名称：CS-8

来 源 地：三明市农业科学研究院（福建省沙县）

种质类型：遗传材料

特征特性：株型直立，株高37.3cm，株幅35.4cm，分枝性中，主茎绿色、无茸毛。叶片长3.9m，叶片宽2.2cm，叶柄长2.4cm，叶绿色、长卵圆形。首花节位5节，花冠白色，花药蓝色，花柱白色、短于雄蕊，单节叶腋着生花数2~3朵。商品果纵径4.2cm，商品果横径1.0cm，果肉厚0.14cm，果梗长2.4cm，青熟果黄绿色，老熟果鲜红色，果短指形，果面微皱、有光泽、无棱沟，心室数2个。单果重3.1g，单株果数38个。单果种子数26粒，种皮黄色，种子千粒重5.1g。二氢辣椒素含量0.77g/kg，辣椒素含量1.13g/kg。中抗炭疽病，中抗病毒病。

植　株　　叶　片　　花

青熟果　　老熟果　　种　子

第三节 品 系

明椒1618A

种质名称：明椒1618A

种质类型：品系

选育单位：三明市农业科学研究院

特征特性：明椒1618A是三明市农业科学研究院自主创制的朝天椒雄性不育系，育性稳定，不育率99.9%以上；株型半直立，株高79.5cm，株幅63.3cm，分枝性强，主茎绿色、无茸毛；首花节位11节，花冠白色，花药紫色，花柱白色、长于雄蕊；叶片长6.8cm，叶片宽3.2cm，叶柄长2.2cm，叶绿色、长卵圆形；种皮黄色，种子千粒重6.8g。其同型保持系果实单生朝天，商品果纵径6.1cm，商品果横径2.1cm，果肉厚0.25cm，果梗长2.3cm，单果重7.6g，青熟果黄绿色，老熟果橙黄色，果短牛角形，果面光滑、有光泽、无棱沟，心室数2个，二氢辣椒素含量1.28g/kg，辣椒素含量2.25g/kg。

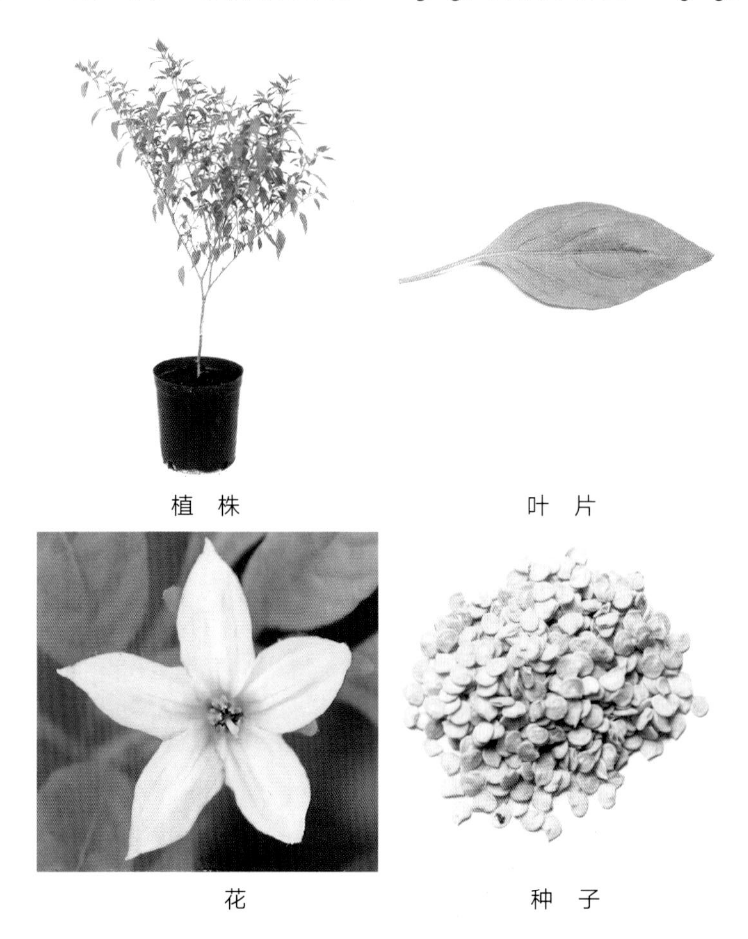

植 株　　叶 片

花　　种 子

明椒1619A

种质名称：明椒1619A

种质类型：品系

选育单位：三明市农业科学研究院

特征特性：明椒1619A是三明市农业科学研究院自主创制的朝天椒雄性不育系，育性稳定，不育率99.9%以上；株型直立，株高74.7cm，株幅64.3cm，分枝性强，主茎绿色、无茸毛；首花节位13节，花冠白色，花药紫色，花柱白色、长于雄蕊；叶片长6.2cm，叶片宽3.3cm，叶柄长2.2cm，叶绿色、长卵圆形；种皮黄色，种子千粒重6.4g。其同型保持系果实单生朝天，商品果纵径6.5cm，商品果横径2.2cm，果肉厚0.22cm，果梗长2.5cm，单果重9.1g，青熟果绿色，老熟果橙黄色，果短牛角形，果面光滑、有光泽、无棱沟，心室数3个，二氢辣椒素含量1.12g/kg，辣椒素含量2.61g/kg。

植　株　　叶　片

花　　种　子

明椒1620A

种质名称：明椒1620A

种质类型：品系

选育单位：三明市农业科学研究院

特征特性：明椒1620A是三明市农业科学研究院自主创制的朝天椒雄性不育系，育性稳定，不育率99.9%以上；株型直立，株高62.5cm，株幅42.9cm，分枝性强，主茎绿色、无茸毛；首花节位13节，花冠白色，花药紫色，花柱紫色、长于雄蕊；叶片长6.2cm，叶片宽3.3cm，叶柄长2.2cm，叶绿色、长卵圆形；种皮黄色，种子千粒重6.2g。其同型保持系果实单生朝天，商品果纵径7.2cm，商品果横径2.2cm，果肉厚0.17cm，果梗长2.2cm，单果重7.2g，青熟果绿色，老熟果鲜红色，果短羊角形，果面光滑、有光泽、无棱沟，心室数2个，二氢辣椒素含量1.02g/kg，辣椒素含量2.21g/kg。

植　株　　叶　片

花　　种　子

明椒1621A

种质名称：明椒1621A

种质类型：品系

选育单位：三明市农业科学研究院

特征特性：明椒1621A是三明市农业科学研究院自主创制的朝天椒雄性不育系，育性稳定，不育率99.9%以上；株型直立，株高76.5cm，株幅34.7cm，分枝性强，主茎绿色、无茸毛；首花节位9节，花冠白色，花药蓝色，花柱紫色、长于雄蕊；叶片长7.2cm，叶片宽3.0cm，叶柄长2.5cm，叶绿色、长卵圆形；种皮黄色，种子千粒重6.6g。其同型保持系果实簇生朝天，商品果纵径8.2cm，商品果横径2.4cm，果肉厚0.22cm，果梗长2.5cm，单果重8.4g，青熟果绿色，老熟果鲜红色，果短羊角形，果面光滑、有光泽、无棱沟，心室数2个，二氢辣椒素含量1.23g/kg，辣椒素含量2.42g/kg。

植　株　　叶　片

花　　种　子

明椒1622A

种质名称： 明椒1622A

种质类型： 品系

选育单位： 三明市农业科学研究院

特征特性： 明椒1622A是三明市农业科学研究院自主创制的朝天椒雄性不育系，育性稳定，不育率99.9%以上；株型半直立，株高62.5cm，株幅42.9cm，分枝性强，主茎绿色、无茸毛；首花节位11节，花冠白色，花药紫色，花柱白色、长于雄蕊；叶片长9.2cm，叶片宽3.3cm，叶柄长4.5cm，叶绿色、披针形；种皮黄色，种子千粒重6.2g。其同型保持系果实簇生朝天，商品果纵径7.1cm，商品果横径1.8cm，果肉厚0.16cm，果梗长2.8cm，单果重6.2g，青熟果绿色，老熟果鲜红色，果短羊角形，果面光滑、有光泽、无棱沟，心室数3个，二氢辣椒素含量1.18g/kg，辣椒素含量2.21g/kg。

植　株　　叶　片
花　　种　子

第四节　选育品种

明椒9号

种质名称：明椒9号

种质类型：选育品种

品种登记编号：GDP辣椒（2019）350244

品种权号：CNA20170415.6

选育单位：三明市农业科学研究院

特征特性：株型直立，株高82.7m，株幅56.5m，分枝性强，主茎绿色、无茸毛。叶片长6.0m，叶片宽2.7cm，叶柄长2.8cm，叶绿色、长卵圆形。首花节位9节，花冠白色，花药紫色，花柱紫色、长于雄蕊。商品果纵径6.5cm，商品果横径2.0cm，果肉厚0.18cm，果梗长2.5cm，青熟果绿色，老熟果鲜红色，果短指形，果面微皱、有光泽、无棱沟，心室数3个。单果重6.6g，单株果数75个。单果种子数46粒，种皮黄色，种子千粒重4.8g。二氢辣椒素含量1.42g/kg，辣椒素含量1.93g/kg。中抗炭疽病，中抗病毒病。适宜福建、安徽、河南、贵州、四川春季种植。

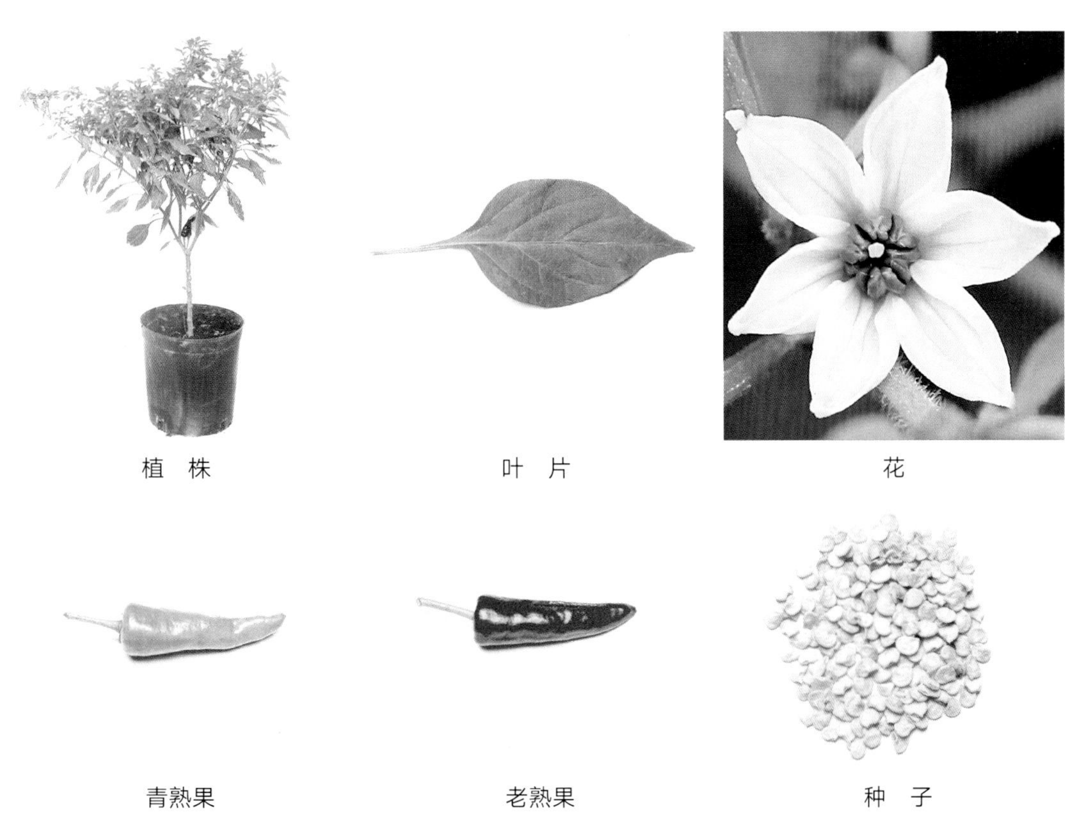

植　株　　叶　片　　花

青熟果　　老熟果　　种　子

明椒10号

种质名称：明椒10号

种质类型：选育品种

品种登记编号：GDP辣椒（2019）350860

选育单位：三明市农业科学研究院

特征特性：株型半直立，株高78.3cm，株幅65.9cm，分枝性强，主茎绿色、无茸毛。叶片长9.1cm，叶片宽3.7cm，叶柄长2.7cm，叶绿色、长卵圆形。首花节位9节，花冠白色，花药紫色，花柱紫色、短于雄蕊。商品果纵径7.5cm，商品果横径1.9cm，果肉厚0.18cm，果梗长3.6cm，青熟果绿色，老熟果鲜红色，果长指形，果面光滑、有光泽、无棱沟，心室数3个。单果重6.8g，单株果数72个。单果种子数58粒，种皮黄色，种子千粒重5.8g。二氢辣椒素含量1.00g/kg，辣椒素含量2.59g/kg。中抗炭疽病，中抗病毒病。适宜福建、安徽、河南、贵州、四川春季种植。

植 株　　叶 片　　花

青熟果　　老熟果　　种 子

明椒11号

种质名称： 明椒11号

种质类型： 选育品种

品种登记编号： GDP辣椒（2019）350861

选育单位： 三明市农业科学研究院

特征特性： 株型半直立，株高60.3cm，株幅58.5cm，分枝性中，主茎绿色、无茸毛。叶片长7.6cm，叶片宽3.9cm，叶柄长3.6cm，叶绿色、卵圆形。首花节位11节，花冠白色，花药紫色，花柱紫色、与雄蕊近等长。商品果纵径6.2cm，商品果横径2.1cm，果肉厚0.20cm，果梗长2.3cm，青熟果绿色，老熟果橙黄色，果短指形，果面光滑、有光泽、无棱沟，心室数3个。单果重6.9g，单株果数41个。单果种子数45粒，种皮黄色，种子千粒重6.1g。二氢辣椒素含量0.98g/kg，辣椒素含量2.39g/kg。中抗炭疽病，中抗病毒病。适宜福建、安徽、河南、贵州、四川春季种植。

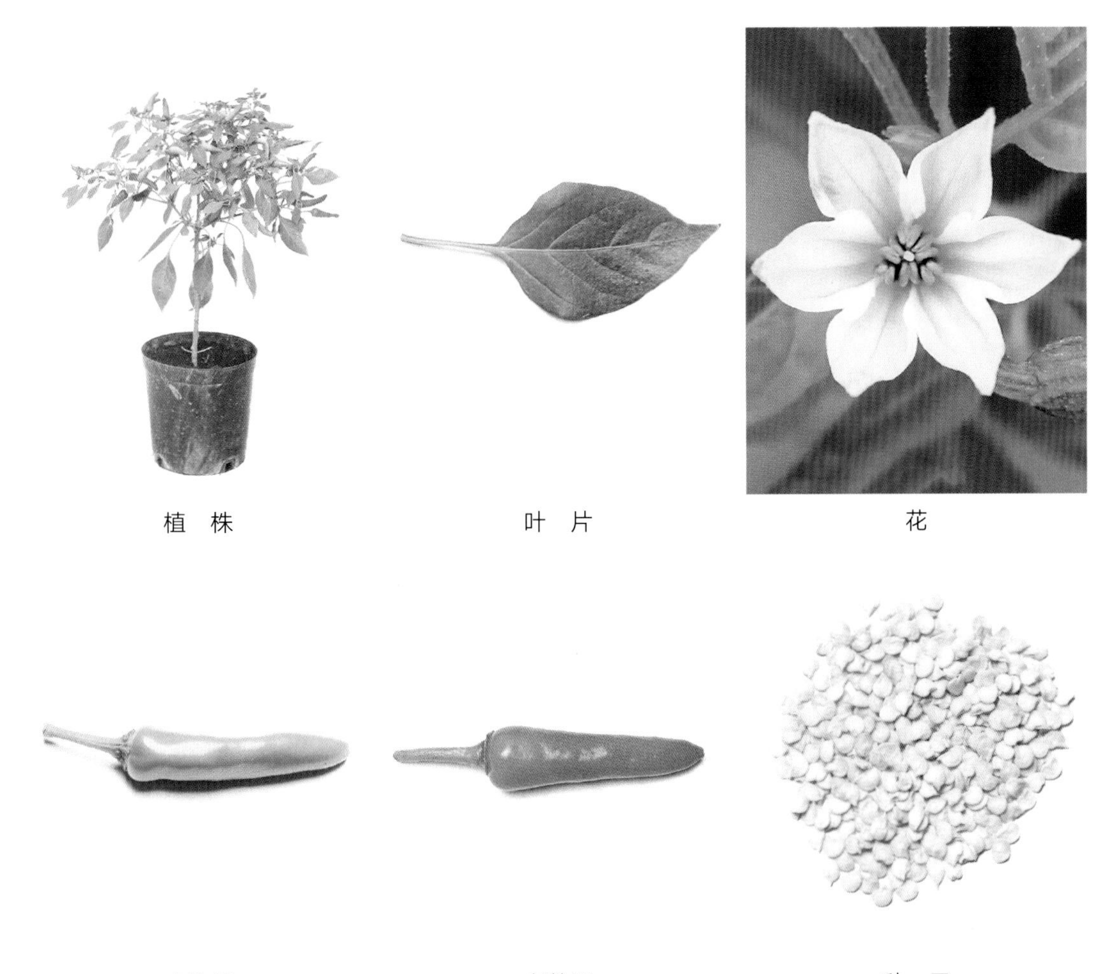

植　株　　叶　片　　花

青熟果　　老熟果　　种　子

明椒12号

种质名称：明椒12号

种质类型：选育品种

品种登记编号：GDP辣椒（2019）350862

选育单位：三明市农业科学研究院

特征特性：株型开展，株高94.6cm，株幅83.6cm，分枝性强，主茎绿色、无茸毛。叶片长7.5cm，叶片宽3.6cm，叶柄长3.9cm，叶绿色、长卵圆形。首花节位11节，花冠白色，花药紫色，花柱紫色、短于雄蕊。商品果纵径8.2cm，商品果横径1.5cm，果肉厚0.16cm，果梗长2.8cm，青熟果绿色，老熟果鲜红色，果长羊角形，果面光滑、有光泽、无棱沟，心室数2个。单果重5.9g，单株果数69个。单果种子数41粒，种皮黄色，种子千粒重6.2g。二氢辣椒素含量0.88g/kg，辣椒素含量2.58g/kg。抗炭疽病，中抗病毒病。适宜福建、安徽、河南、贵州、四川春季种植。

植　株　　叶　片　　花

青熟果　　老熟果　　种　子

明椒118

种质名称：明椒118

种质类型：选育品种

选育单位：三明市农业科学研究院

特征特性：株型半直立，株高75.6cm，株幅79.5cm，分枝性强，主茎绿色、无茸毛。叶片长7.2cm，叶片宽3.1cm，叶柄长1.9cm，叶绿色、长卵圆形。首花节位9节，花冠白色，花药紫色，花柱紫色、短于雄蕊。商品果纵径8.1cm，商品果横径1.8cm，果肉厚0.18cm，果梗长3.2cm，青熟果绿色，老熟果鲜红色，果长指形，果面光滑、有光泽、无棱沟，心室数2个。单果重7.1g，单株果数59个。单果种子数63粒，种皮黄色，种子千粒重6.5g。二氢辣椒素含量1.11g/kg，辣椒素含量2.78g/kg。中抗炭疽病，中抗病毒病。适宜福建、安徽、河南、贵州、四川春季种植。

植　株　　叶　片　　花

青熟果　　老熟果　　种　子

明椒218

种质名称：明椒218

种质类型：选育品种

选育单位：三明市农业科学研究院

特征特性：株型半直立，株高92.5cm，株幅95.7cm，分枝性强，主茎绿色、无茸毛。叶片长9.1cm，叶片宽4.2cm，叶柄长4.1cm，叶绿色、长卵圆形。首花节位7节，花冠白色，花药紫色，花柱紫色、短于雄蕊。商品果纵径8.5cm，商品果横径1.9cm，果肉厚0.18cm，果梗长3.3cm，青熟果绿色，老熟果鲜红色，果长指形，果面光滑、有光泽、无棱沟，心室数2个。单果重8.5g，单株果数51个。单果种子数67粒，种皮黄色，种子千粒重6.8g。二氢辣椒素含量1.20g/kg，辣椒素含量2.99g/kg。中抗炭疽病，中抗病毒病。适宜福建、安徽、河南、贵州、四川春季种植。

植　株　　叶　片　　花

青熟果　　老熟果　　种　子

明椒318

种质名称：明椒318

种质类型：选育品种

选育单位：三明市农业科学研究院

特征特性：株型半直立，株高98.5cm，株幅95.3cm，分枝性强，主茎绿色、无茸毛。叶片长6.7cm，叶片宽2.8cm，叶柄长2.4cm，叶绿色、长卵圆形。首花节位9节，花冠白色，花药紫色，花柱紫色、短于雄蕊。商品果纵径8.7cm，商品果横径1.8cm，果肉厚0.18cm，果梗长3.6cm，青熟果绿色，老熟果鲜红色，果长指形，果面光滑、有光泽、无棱沟，心室数2个。单果重8.1g，单株果数72个。单果种子数71粒，种皮黄色，种子千粒重6.3g。二氢辣椒素含量0.96g/kg，辣椒素含量3.60g/kg。中抗炭疽病，中抗病毒病。适宜福建、安徽、河南、贵州、四川春季种植。

植　株　　叶　片　　花

青熟果　　老熟果　　种　子

新明椒9号

种质名称： 新明椒9号

种质类型： 选育品种

选育单位： 三明市农业科学研究院

特征特性： 株型半直立，株高69.5cm，株幅65.7cm，分枝性强，主茎绿色、无茸毛。叶片长7.8cm，叶片宽3.7cm，叶柄长2.7cm，叶绿色、长卵圆形。首花节位9节，花冠白色，花药紫色，花柱紫色、短于雄蕊。商品果纵径7.5cm，商品果横径2.2cm，果肉厚0.20cm，果梗长2.7cm，青熟果绿色，老熟果鲜红色，果长指形，果面光滑、有光泽、无棱沟，心室数2个。单果重7.9g，单株果数74个，单株产量545.3g。单果种子数32粒，种皮黄色，种子千粒重6.6g。二氢辣椒素含量0.99g/kg，辣椒素含量2.65g/kg。中抗炭疽病，中抗病毒病。适宜福建、安徽、河南、贵州、四川春季种植。

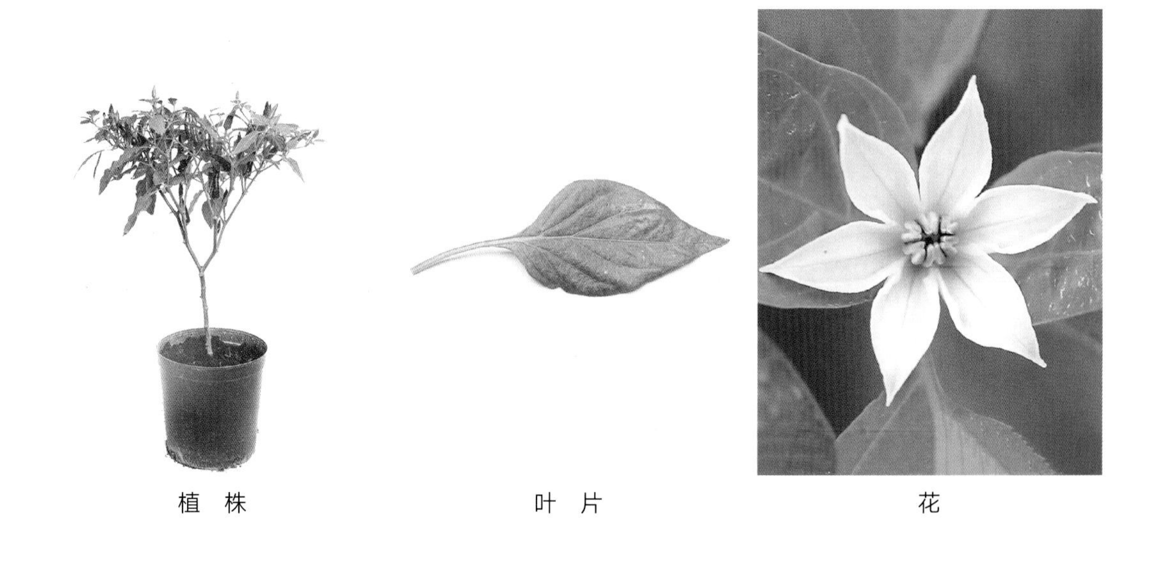

植　株　　叶　片　　花

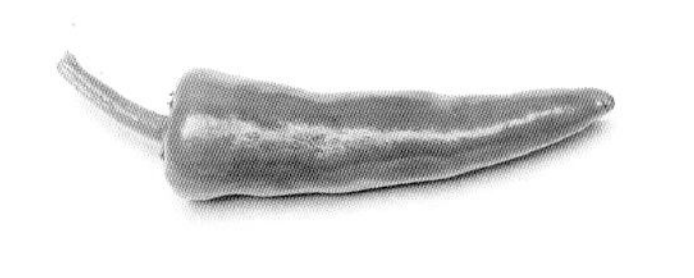

青熟果

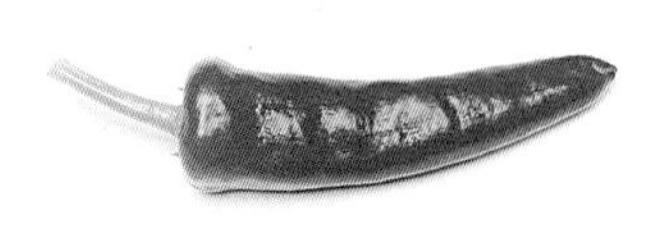

老熟果

种　子

新明椒10号

种质名称：新明椒10号

种质类型：选育品种

选育单位：三明市农业科学研究院

特征特性：株型半直立，株高75.6cm，株幅96.5cm，分枝性强，主茎绿色、无茸毛。叶片长6.9cm，叶片宽3.4cm，叶柄长3.3cm，叶绿色、长卵圆形。首花节位11节，花冠白色，花药紫色，花柱紫色、与雄蕊近等长。商品果纵径7.9cm，商品果横径2.0cm，果肉厚0.20cm，果梗长2.8cm，青熟果绿色，老熟果鲜红色，果长指形，果面光滑、有光泽、无棱沟，心室数2个。单果重7.2g，单株果数65个，单株产量440.1g。单果种子数47粒，种皮黄色，种子千粒重6.3g。二氢辣椒素含量1.05g/kg，辣椒素含量2.47g/kg。中抗炭疽病，中抗病毒病。适宜福建、安徽、河南、贵州、四川春季种植。

植　株　　叶　片　　花

青熟果　　老熟果　　种　子